DÉMONSTRATIONS

ÉLÉMENTAIRES

DE BOTANIQUE.

DÉMONSTRATIONS ÉLÉMENTAIRES DE BOTANIQUE,

A L'USAGE DE L'ECOLE ROYALE VÉTÉRINAIRE.

TOME PREMIER.

INTRODUCTION A LA BOTANIQUE

Contenant un abrégé des principes & de l'histoire de cette science, & les élémens de la physique des végétaux.

Suivie d'une instruction sur la formation d'un Herbier, la dessication, la macération, l'infusion des plantes, &c.

. . . . quas vellent esse in tutelâ suâ
Divi legerunt plantas. . . . .
Nisi utile est quod facimus, stulta est gloria.
Phæd. lib. 3. fab. 17.

A LYON,

Chez JEAN-MARIE BRUYSET, Imprimeur-Libraire.

M. DCC. LXVI.

Avec Approbation & Privilege du Roi.

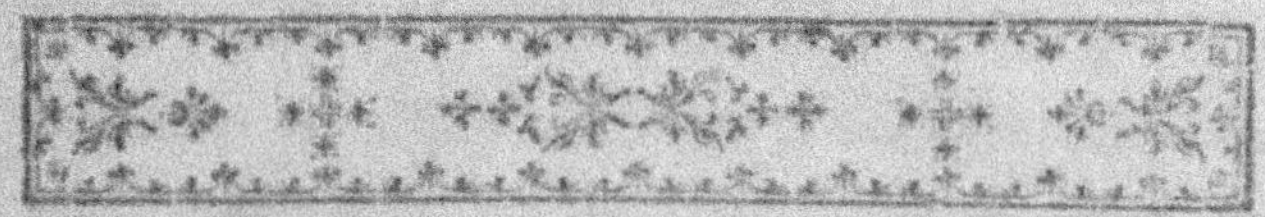

AVERTISSEMENT.

L'OBJET *qu'on s'est proposé dans cet ouvrage élémentaire, a moins été de faire un livre, que de profiter de ceux qui sont faits, & de faciliter l'étude de la Botanique, à des Eléves qui ne sont pas destinés à l'approfondir.*

On n'a rien négligé cependant pour donner, dans l'Introduction, une idée juste & précise des principes de la science. On les a exposé dans l'ordre qui a paru le plus simple & le plus clair ; & supposant toujours que ceux à qui l'on parloit, n'avoient aucune connoissance des plantes & de la Botanique, on s'est fait une régle de n'employer les termes qui lui sont consacrés, qu'en les définissant, ou après les avoir définis.

Dans la même vue, on s'est astreint à ne présenter les notions essentielles, que dans leur progression naturelle. Par là, l'histoire de la science s'est trouvée nécessairement liée au développement de ses prin-

Part. I.   a

cipes, & la physique des végétaux, aux descriptions Botaniques ; mais on a tâché de réduire l'histoire, aux principales époques des découvertes, les principes, aux parties essentielles qui devoient entrer dans les descriptions, & la physique végétale, à ses loix générales, à la nomenclature définie, & aux faits utiles, qui tiennent à la Botanique.

Quelques soins que nous ayons pris pour restreindre tous ces objets, l'abondance des matieres, le nombre des découvertes modernes, la multiplicité des observations intéressantes, nous ont quelquefois conduit au-delà des bornes que nous nous étions prescrites.

Nous savons que l'art Vétérinaire n'exige pas strictement toutes ces connoissances ; cependant qu'on examine leur enchaînement, & l'on se convaincra bientôt qu'elles s'éclairent mutuellement, qu'elles concourent de concert à l'établissement des principes, & qu'enfin leur réunion peut seule diriger avec une entiere certitude, dans l'étude d'une science, où la moindre méprise peut devenir d'une extrème conséquence.

Le plus grand nombre de ceux qui ap-

AVERTISSEMENT. iij

prennent, se contentent d'une instruction claire & succincte ; mais il est des esprits ardens, actifs, avides de savoir, qui se dégoûtent bientôt de l'instruction, si la route dans laquelle on les guide, n'est éclairée, si on ne leur montre le développement des notions, l'origine des principes, la raison du précepte ; & c'est principalement ces es-prits, qu'il importe d'attacher à l'étude ; ce sont les seuls qui annoncent les grands succès en tout genre.

Nous avons encore porté nos vues plus loin ; dans le nombre des Eléves, nous avons considéré ceux, dont le goût & le talent se tourneroient peut-être dans la suite, du côté de la Médecine humaine ; Nous avons crû que des élémens raisonnés pourroient suppléer à plusieurs volumes, & leur en tenir lieu, ainsi qu'aux Médecins & aux Chirur-giens, qui dans les voyages ou à la cam-pagne, s'en trouvent dépourvus.

L'Introduction à la Botanique peut con-duire non-seulement à l'intelligence des dé-monstrations qui en sont l'objet, mais en-core à l'étude des grands ouvrages de Bo-tanique, & sur-tout des Auteurs modernes.

La partie physique, en développant quel-

a ij

ques-uns des rapports singuliers qui rapprochent le regne végétal de l'animal, découvre l'analogie qui existe dans l'anatomie des végétaux, comparée à celle des animaux: analogie qui plus approfondie, jettera peut-être un jour de nouvelles lumieres sur l'économie des uns & des autres.

De la physique des végétaux, résultent aussi plusieurs principes d'agriculture, que les Eléves pourront mettre utilement en usage, lorsqu'ils seront rappellés dans leurs Provinces. L'art Vétérinaire est à l'art de cultiver la terre, ce que la population est à l'Etat; ils sont étroitement liés; leurs succès sont communs, & les principes de l'un ne doivent pas être étrangers à l'autre.

Ces réflexions justifient les détails dans lesquels nous sommes entrés. A l'égard des Eléves qui voudront se borner à l'instruction purement nécessaire, il sera facile au Démonstrateur chargé de cette partie, de leur faire distinguer, ce qu'il leur importe d'apprendre, ce qu'il leur suffit de connoître, & ce qu'ils peuvent ignorer.

La description des parties de la fructification (1), l'explication des principes de la méthode adoptée (2), ce qui concerne

(1) Introd. pag. 29.
(2) Ib. p. 63.

la forme & la disposition des parties des plantes (3), dont on peut encore retrancher tout ce qui s'annonce sous le titre de note ou d'observation, voilà où se réduisent à peu près, les notions nécessaires ; mais nous devons prévenir qu'elles sont indispensables pour entendre les démonstrations ; ces notions renferment les définitions de tous les termes propres dont on s'est servi pour décrire les plantes.

La Botanique, comme chaque science, a une langue particuliere, qui sert à en faciliter l'étude. Cette langue est en partie tirée du Grec, & pour ainsi dire naturalisée en Latin ; contraints d'employer ici le François, nous avons tâché de conserver le laconisme qui la distingue. Il a fallu pour y parvenir, éviter toute circonlocution, substituer l'épithéte à la description, le mot à la définition, les termes propres aux périphrases. Ce langage au premier abord, paroîtra sans doute sec & barbare, mais l'usage le rendra bientôt familier, & dans les matieres de ce genre, on doit sacrifier l'agrément à la précision : ornari præcepta negant, contenta doceri.

A l'exemple de presque tous les Bota-

(3) Introd. p. 134, 138 & suiv.

nistes modernes, nous avons adopté & tra-
duit la nomenclature du Chev. VON LINNÉ,
comme la plus étendue & la plus exacte ;
mais en la traduisant en François, nous
nous sommes assujettis, dans l'Introduction,
à rapporter le plus souvent l'expression Latine ; & à la fin de l'ouvrage, indépendamment de la Table Françoise, raisonnée, on
a rassemblé ces termes, sous une forme al-
phabétique ; le mot Latin renvoie dans le
texte, au mot François qui est accompa-
gné de sa définition. De cette maniere, l'Introduction devient un vocabulaire raisonné,
François & Latin, de tous les termes employés dans les démonstrations, & en
même tems de la plupart de ceux qui sont
consacrés dans les ouvrages de Botanique.

Malgré les efforts qu'on a fait pour rendre
en François, la nomenclature de cette science, avec de la clarté & quelque précision,
on a pensé que des planches gravées étoient
le plus sûr moyen de faire facilement entendre toutes les définitions. Plusieurs figures de ces planches ont été tirées des Instituts de Botanique, le plus grand nombre
du Philosophia Botanica Lin. on en a fait
un choix, & on les a distribuées dans un
ordre relatif à celui de l'ouvrage.

Quant au plan qu'on a suivi dans les démonstrations des plantes, *nous n'ajouterons rien ici à ce qui en est dit à la fin de l'Introduction* (1). *Le Démonstrateur suppléera aux détails qu'on a supprimés dans plusieurs articles ; c'est l'extrait de ce qui doit être enseigné aux Eléves, & le résultat des observations au moyen desquelles ils seront assurés de reconnoître dans la suite avec sûreté, les plantes qui leur auront été démontrées.*

(1) Voy. pag. 227.

Pour ne rien omettre de ce qui pouvoit rendre ces Elémens plus complets, on a placé à la fin de l'Introduction, une instruction sur la maniere de former un Herbier, & les méthodes les plus sûres de recueillir les plantes à l'usage de la Pharmacie, de les faire dessécher, macérer, infuser &c. Ces méthodes sont tirées de Sylvius, & des cours particuliers de Mr. ROUELLE.

On n'a pas toujours cité dans le cours de l'ouvrage, les sources où l'on a puisé: les citations seroient devenues trop fréquentes. En général, on a extrait les principes de la Botanique, de la belle Préface des Instituts de Mr. de TOURNEFORT, *& des* *immortels écrits du Chev.* Von Linné. *On a suivi la méthode du premier, en l'enrichissant des découvertes du second. Le systéme de celui-ci étoit trop lié à ses découvertes, & ce systéme a mérité trop de célébrité, pour ne pas exciter la curiosité de plusieurs Eléves : on a donc cru devoir le faire connoître également, à ceux qui seroient dans le cas d'en profiter. On a expliqué aussi succinctement qu'il a été possible, son plan & ses principes ; plusieurs d'entr'eux étoient inutiles à l'intelligence de la méthode de* Tournefort, *mais tous sont devenus nécessaires à celle des descriptions employées dans les démonstrations.*

A la fin de cette seconde partie, après les Tables qui renferment les noms Latins des plantes, suivant la dénomination de Tournefort, *on a donné la Table de ces mêmes plantes, suivant les dénominations génériques du Chev.* Linné, *en ajoutant à chacune, la désignation de la classe & de l'ordre, qu'elles occupent dans son systéme. Au moyen de cette Table, & de l'explication du systéme, qui se trouve dans l'Introduction* (1), *on trouvera l'indication de plusieurs caractéres essentiels, qui le plus*

(1) P. 57 & 101.

ſouvent ſont omis dans les deſcriptions, comme abſolument étrangers à la méthode de TOURNEFORT *, mais qui deviennent d'un très-grand ſecours pour reconnoître facilement la plupart des plantes : tels ſont le nombre des étamines & des piſtils, leur réunion, leur ſituation, &c.*

*Les autres Auteurs dont on a fait uſage dans l'*Introduction*, pour la partie Botanique, ſont* Mr. DUHAMEL DUMONCEAU (Phyſique & Traité des arbres), Mr. DE SAUVAGES (Méthode des feuilles), Mr. ADANSON (Préface des familles des plantes); *pour la phyſique & l'économie végétale, les Écrits de* Mrs. GREW, HALES, DUHAMEL & BONNET.

Dans les démonſtrations, *les principaux caractéres des plantes ſont tirés des Elémens de Botanique de* TOURNEFORT & *des* Genera plantarum *du Chev.* LINNÉ ; *les caractéres ſecondaires & les deſcriptions ſpécifiques, de* Mrs. LINNÉ, TOURNEFORT, MORISON, *des ouvrages de* Mrs. DE HALLER, SÉGUIER, GÉRARD, ALLIONE, JACQUIN, & *principalement de* l'Hortus Monſpelienſis *de* Mr. GOUAN *célébre Botaniſte de Montpellier.*

*Les Ecrivains consultés sur les usages &
sur les propriétés des plantes, sont en général*, DALECHAMP, CHOMEL, *& le plus
souvent les* matieres médicales *de* Mrs.
GÉOFFROI, CRANTZ, LINNÉ, *la Phar-
macopée de Londres, & le* Flora Monf-
peliensis.

*Avec de tels guides doit-on craindre de
s'égarer? Si notre travail a quelque mérite,
la gloire leur en appartient plus qu'à nous.
Nous avons atteint à celle que nous ambi-
tionnons, si nous sommes parvenus à être
utiles.*

INTRODUCTION

A LA

BOTANIQUE.

Filum Ariadneum Botanices est systema, sine quo chaos est res Herbaria.

Lin. Phil. Botan. 156. p. 98.

Une méthode est le fil d'Ariane pour le Botaniste; sans son secours, la Botanique est un chaos.

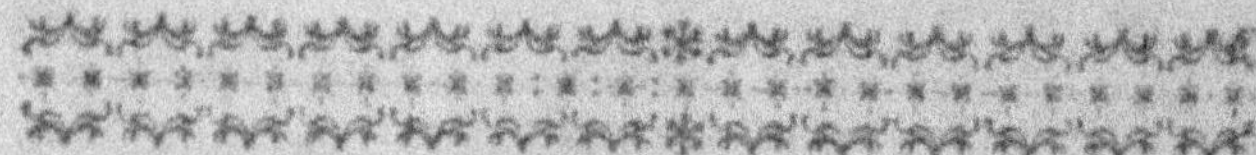

ORDRE DES MATIERES

CONTENUES

DANS L'INTRODUCTION.

I.

NOTIONS PRÉLIMINAIRES,   Pag. 1 & *suiv.*
Distinction des trois regnes,   1
Du regne végétal en particulier,   2
Nombre des plantes connues,   *ibid.*
Nécessité des divisions,   3
La Botanique définie,   5
Divisions Botaniques des Anciens,   5 & 6
Tirées des qualités des plantes,   6
Tirées de leur grandeur & de leur durée :
Herbes annuelles, vivaces, arbres, arbustes,   8
Tirées des feuilles,   10
Des racines & des qualités variables,   11
Familles & méthode naturelles,   11, 12
Méthodes artificielles, leur nécessité,   13
Divisions imaginées par les Modernes,   14
Usage de ces divisions,   16
Auteurs & progrès des méthodes,   17
Avantage qui résulte de leur multiplicité,   22
Celle de Mr. de Tournefort adoptée ici :
Pourquoi ?   *ibid.*
Objets de la Botanique & de la physique des plantes,   24

I I.

DES CARACTÉRES BOTANIQUES EN GÉNÉRAL,   26
DES PARTIES DE LA FRUCTIFICATION d'où résultent les caractéres classiques & génériques, 29

1°. De la fleur,   30
    Calice,   31
    Corolle, pétale,   34 & suiv.
    idée de leur organisation.
    * Étamine,   38
    Pistil,   39
    Distinction des fleurs en général,   41
2°. Du fruit,   43
    Péricarpe & ses espèces,   ibid.
    Du fruit en général,   47
    Semence considérée à l'extérieur,   48
    Son organisation interne,   50
    Germination,   51
    Usage physique & botanique, des fleurs & des fruits,   54
Principes généraux des méthodes de Tournefort & du Chev. Linné, fondées l'une & l'autre, sur les parties de la fructification,   56
    Plan de Tournefort,   ibid.
    Plan du Chev. Linné,   57, 61
    Sexe, noces des plantes, fécondation,   58
Méthode de Tournefort.
    Principes fondamentaux,   63
    Application des principes à la méthode,   74
    Les classes au nombre de vingt-deux,   75
    Clef ou tableau des classes,   82
    Sections & leurs principes. Exemple, 83, 87
    Genres & leurs principes. Exemples, 89, 93
    Usage de la méthode de Tournefort,   95
Méthode ou système sexuel du Chev. Linné.
    Principes du système,   101
    Divisions qui résultent des principes,   103
    Les classes au nombre de vingt-quatre,   105
    Clef ou tableau des classes,   109
    Ordres. Exemples,   110, 111
    Genres. Exemple. Leur nombre. Leurs noms,   117, 119, 121
    Usage du système sexuel,   123

I I I.

DES PARTIES DES PLANTES EN GÉNÉRAL, 127
    Variétés accidentelles, monstruosités, maladies, &c.   128 & suiv.

ORGANISATION EXTÉRIEURE DES PLANTES, d'où résultent les caractéres spécifiques,   134
1°. DE LA DISPOSITION DES FLEURS ET DES FRUITS,   ibid. & 138
   Floraison. Calendrier de Flore,   134 & 135
   Epanouissement. Horloge de Flore,   136
   Maturation,   138
   Nutation. Catalepsie,   142, 143
2°. DES FEUILLES,   144
   De la feuille en général, & de son organisation, 145
      Feuillaison. Esfeuillaison,   147, 148
      Plantes toujours vertes,   149
DE LA FORME des feuilles,   150
   Feuilles simples considérées suivant
      Leur circonférence,   151
      Leurs angles,   152
      Leurs sinus,   ibid.
      Leur bordure,   154
      Leur surface,   155
      Leur sommet,   157
      Leurs côtés,   158
   Feuilles composées,   159
DE LA DÉTERMINATION ou disposition des feuilles, 162
      Lieu,   ibid.
      Insertion,   163
      Situation,   164
      Direction,   165
         Sommeil des plantes,   166
         Nutation des feuilles,   168
         Irritabilité des végétaux,   ibid.
3°. DES SUPPORTS OU POINTS D'APPUI,   169
  Soutiens,   ibid.
         idée de leur organisation,
  Défenses,   170
  Vaisseaux excrétoires,   174
4°. DU TRONC,   176
      Plantes sans tronc,   177
  Tige. Chaume,   177, 179
5°. DE LA RACINE,   180
      Plantes parasites,   id.
  Racine bulbeuse, tubéreuse, fibreuse,   182, 184
      Rapports entre les tiges & les racines, 187
      Leur direction, leur extension,   188, 190

6°. Des Bourgeons,   191
Bouton,   ibid.
   Sa situation. Son organisation en gé-
      néral,   192, 193
   Bouton à fleur,   193
   Bouton à feuilles,   194
      Foliation,   ibid.
   Bouton à fleur & à feuilles,   196
Cayeu,   197
Organisation interne des parties des plantes, d'où résulte l'économie végétale,   199
Organisation,   ibid.
   Vaisseaux. Trachées,   ibid.
   Fibres. Bois. Ecorce. Aubier. Moëlle,   200, 201.
   Organisation imparfaite,   201
   Origine des parties extérieures,   202
   Produits chymiques,   ibid.
Economie végétale,   203
   Séve & suc propre,   203, 204
   Développement & accroissement,   205
   Transpiration. Succion,   206
   Mouvement alternatif des humeurs,   207
   Maladie & mort,   ibid.
Reproduction par la semence,   208
   Par les bourgeons,   ibid.
   Par les drageons enracinés,   210
   Par la bouture, la marcotte, le provin, 210 & suiv. 214, 215.
   Par la greffe naturelle & artificielle,   216
Des espèces et de leur distinction, en considérant les parties des plantes, suivant les principes de Tournefort & du Chev. Linné,   220
   Caractéres des espèces selon ces deux Auteurs, 220, 221.
   Variétés,   222
   Descriptions,   223
   Synonimes, nom trivial,   224
   Exemples comparés, tirés des deux Auteurs,   225
Plan des démonstrations, distinction des variétés, &c.   227

INSTRUCTION sur la récolte & la dessication
   des plantes ,   233
        Récolte & dessication pour la formation d'un
            Herbier ,   234
        Composition d'un Herbier ,   237 & suiv.
        Récolte ,   244
                         } pour la Pharmacie ,
        Dessication , }   253
        Décoction , infusion , macération ,   265

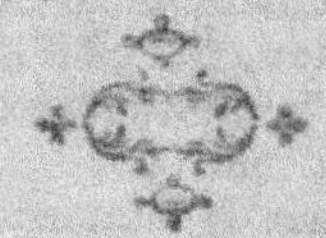

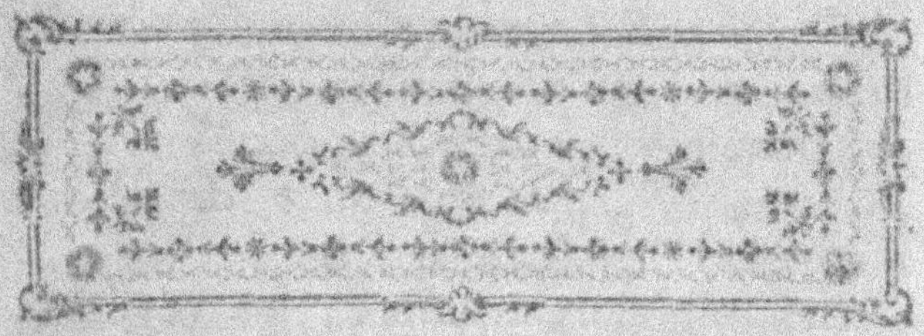

INTRODUCTION
AUX DÉMONSTRATIONS
ÉLÉMENTAIRES
DE BOTANIQUE;

Contenant un abrégé de l'histoire & des principes de cette science, avec les élémens de la physique des plantes.

NOTIONS PRÉLIMINAIRES.

ON distingue trois regnes dans la nature, le minéral, le végétal & l'animal.

Le regne minéral comprend toutes les *terres*, *pierres*, *métaux*, *sels*, &c. Le regne végétal renferme les *plantes* [herbes ou arbres] les *palmiers*, les *gramens*, les *fougéres*, les *mousses*, les *algues*, les

TROIS
REGNES.

Part. I.   A

champignons. Le regne animal embraſſe l'HOMME, les *quadrupédes*, les *reptiles*, *poiſſons*, *oiſeaux*, *inſectes*, &c. Voyez la *Matiere Médicale à l'uſage de l'École Vétérinaire*, *pag.* 2 & *ſuiv.*

Les minéraux croiſſent, les végétaux croiſſent & vivent, les animaux croiſſent, vivent & ſentent (*a*) ; le raiſonnement diſtingue l'HOMME.

Le plus noble uſage qu'il puiſſe faire de cette faculté, eſt de l'employer à l'étude de la nature qui, dans ſes trois regnes, lui préſente des objets innombrables d'agrément & d'utilité. C'eſt ſous ce dernier point de vue, ſur tout, qu'il importe de la conſidérer. Les minéraux, les végétaux, les animaux fourniſſent des remédes à preſque tous les maux qui dérangent l'économie animale ; mais ceux qu'on tire des végétaux ont toujours été préférés, comme les plus ſimples, les plus puiſſans, les moins dangereux & les plus multipliés.

REGNE VÉGÉTAL.

Le nombre des plantes connues va au-delà de 20000 eſpeces, ſuivant les Auteurs qui y comprennent les *variétés* ; à plus de 8000 ſelon ceux qui ne les comptent pas ; & le microſcope étend chaque jour l'empire de la Botanique.

(a) *Carol. Linnæi Philoſ. Botan. introduct.*

Quoiqu'il soit à préfumer que chaque plante ait des vertus qui lui font propres, ou tout au moins des degrés de vertus particuliers & relatifs à nos befoins, on n'eft parvenu à les déterminer diftinctement, que fur fept ou huit cens efpeces, dont on n'emploie gueres que la moitié; parce que l'on néglige celles dont les propriétés, communes à plufieurs, font moins fenfibles & moins efficaces.

Si donc il fuffifoit pour l'objet que l'on fe propofe, de connoître, en général, ce nombre limité de plantes, par leurs noms & par leurs vertus: la vue, un examen répété, la comparaifon, feroient peut-être les feuls moyens néceffaires pour y parvenir. Le Botanifte s'inftruiroit, comme un voyageur connoît les pays qu'il a parcourus, comme un laboureur apprend à diftinguer, par routine, la plupart des plantes de fon canton; il feroit fuperflu de recourir à d'autres voies.

Mais ce moyen eft long & toujours incertain. La reffemblance de plufieurs plantes utiles, avec celles qui ne le font pas; l'impoffibilité de reconnoître parfaitement les unes, fi l'on n'a pas une idée diftincte des autres; les rapports extérieurs de plufieurs efpèces, dont les propriétés font effentiellement différentes;

la facilité de s'y méprendre, & les dan-
gers de cette méprise : toutes ces choses
ont fait sentir la nécessité de recourir à
des divisions déterminées par des caractéres distincts.

» Supposez, dit RONDELET, un tas de
» graines d'espèces différentes ; qu'on
» vous les donne chacune à reconnoître ;
» vous ne chercherez pas à y parvenir
» par un examen général ; vous com-
» mencerez par séparer les graines qui
» paroîtront différer le plus, & vous ferez
» de petits tas, de toutes celles qui auront
» des ressemblances.

La nécessité des divisions devient plus
forte encore, si le desir de découvrir
de nouvelles propriétés, de reculer les
limites des connoissances acquises ou
même de les perfectionner, fait entre-
prendre, en général, l'étude de toutes les
plantes *indigénes & exotiques* (*b*), dont
on ne connoît peut-être que la moindre
partie. La mémoire ne peut plus suffire à
ce travail, si l'observation, le raisonnement & la méthode ne viennent à son
secours.

Mais l'observation distingue les caractéres ; le raisonnement fixe les rapports ;
la méthode rapproche les objets sembla-

____

(*b*) On nomme *indigénes* les plantes naturelles au
pays, *exotiques* les étrangeres.

bles, & sépare ceux qui different ; de-là naissent des divisions, des subdivisions que l'esprit saisit bientôt, & qui se gravent facilement dans le souvenir.

C'est ainsi que l'étude des plantes, qui paroît d'abord se réduire & qui long-tems a été réduite à une simple nomenclature, devient une science : & cette science se nomme la *Botanique*. Elle traite de tous les végétaux & de tous leurs rapports. BOERHAAVE la définit, *Partie de la science naturelle, au moyen de laquelle les plantes sont le plus sûrement & le plus facilement reconnues & gravées dans la mémoire* (c).

Ce n'est qu'après une longue suite de siecles, d'observations & de tâtonnement, qu'on est parvenu à la considérer sous un point de vue philosophique ; mais de tout tems on admit des divisions pour faciliter la connoissance des plantes.

On les a successivement distinguées par les lieux qu'elles habitent, en *aquatiques*, *marines*, *sauvages*, *domestiques*, &c ; par les saisons où elles se développent, en *printanieres*, *estivales*, *automnales*, *hyvernales* ; quelquefois par les noms des Auteurs qui les ont reconnues, décrites ou rapprochées.

(c) *Boerh.* Hist. 16.

LA BOTA-
NIQUE.

PREMIERES
DIVISIONS.

A iij

ANCIENNES
MÉTHODES.

Les plus anciens Botaniftes que nous connoiffions, ont commencé à les divifer par leurs ufages ; tels font THÉOPHRASTE, difciple d'ARISTOTE, qui diftingua les plantes en *potagéres*, *farineufes*, *fuccu-lentes*, &c. & DIOSCORIDE, en *aroma-tiques*, *alimenteufes*, *médecinales* & *vi-neufes*.

Ces Philofophes, occupés à rendre la Botanique utile, ignorerent les moyens d'en faciliter l'étude. Leurs divifions va-gues & incertaines, peuvent tout au plus aider la mémoire de celui qui connoît déja les plantes, & ne conduifent point à les connoître. Elles fuppofent tout, elles n'enfeignent rien.

MÉTHODES
TIRÉES DES
QUALITÉS.

On en peut dire autant de toutes les divifions ou méthodes uniquement fon-dées fur les qualités ou vertus médecinales. Ces méthodes adoptées par de bons Bo-taniftes, & furtout par des Médecins, en cherchant à rapprocher la fcience de fon véritable objet, l'en éloignent en quel-que forte, puifqu'elles jettent de la con-fufion fur des chofes qu'il importe de dif-tinguer.

Trois raifons, felon un favant Auteur, (*d*) concourent à les rendre incertaines

(d) *M. Adanfon*, *Familles des plantes*. Préface, LXXVIII.

& dangereuses. 1°. Les différentes parties d'une plante ont souvent des vertus opposées, de sorte que pour suivre un ordre exact, il faudroit placer la racine dans une division, la fleur dans une autre, la feuille dans une troisieme, &c. 2°. Souvent la même plante a plusieurs vertus différentes; il faudroit donc la répéter autant de fois. 3°. Plusieurs plantes caractérisées par une vertu particuliere, la possedent à un tel degré de force ou de foiblesse, qu'on ne peut en attendre que des effets fort éloignés.

Les divisions empruntées des vertus, loin d'éclairer la Botanique, la rejettent donc dans le cahos de l'ignorance. Elles sont très-avantageuses dans la pratique médecinale : on y distinguera les plantes par leurs qualités *améres*, *salées*, *âcres*, *acides*, *acerbes*, *austéres*, &c. & par leurs vertus *purgatives*, *apéritives*, *sudorifiques*, *emménagogues*, *hépatiques*, &c. Mais ce n'est plus alors la *Botanique*, c'est la *Matiere Médicale*. L'une conduit à la connoissance des plantes, l'autre indique leur emploi; la premiere doit donc précéder & diriger la seconde. Elle ne peut elle-même être éclairée, que par des divisions fondées sur des signes plus déterminés, plus constans, palpables, ou sensibles aux yeux de l'observateur.

Les Botanistes ont cherché à distinguer ces signes, à fixer leurs caractéres, à distinguer leurs rapports, à donner des régles pour les saisir.

TIRÉES DE LA GRANDEUR ET DE LA DURÉE.

Les plus apparens ont dû les premiers arrêter les regards : telles sont la grandeur & la durée des plantes. Elles ont établi une premiere distinction des végétaux en *herbes* & en *arbres*, c'est-à-dire en plantes d'une consistance peu solide, qui perdent leurs tiges pendant l'hiver, & en plantes d'une consistance solide, *ligneuse* (*e*), dont les tiges subsistent l'hiver.

Les herbes sont *annuelles* ou *vivaces*. Les *annuelles* [annuæ] lévent (*f*), croissent & meurent en une année. Les *vivaces* [perennes] perdent leurs tiges pendant l'hiver, mais subsistent plusieurs années par leurs racines ; si elles ne durent que deux ou trois années, on les distingue en *bis-annuelles* ou *trisannuelles*.

Les arbres se divisent en *arbustes* [frutices], *arbrisseaux* [suffrutices], *arbres* [arbores].

Les *arbustes* ou *sousarbrisseaux* sont des plantes vivaces qui ont une tige ligneuse,

(*e*) De la nature du bois.

(*f*) On dit qu'une semence *léve* quand la plante commence à sortir de terre. *Dans les années chaudes le froment léve de bonne heure.* Voyez ci-après, *semences & germination.*

laquelle persiste l'hiver, mais ne s'éleve qu'à la hauteur des *herbes*.

Les *arbrisseaux* ont une tige ligneuse & durable, qui s'éleve plus que *l'arbuste* & moins que *l'arbre*.

L'arbre est une plante vivace dont la tige, les branches & les racines sont ligneuses, qui s'éleve à une grande hauteur, & qui vit long-tems.

Cette division générale des plantes répond en quelque sorte aux grandes divisions que la nature a mises parmi les animaux, qui se distinguent en *quadrupédes*, *bipédes*, *oiseaux*, *poissons*, *insectes*, &c.

La considération des végétaux selon leur grandeur & leur durée, fut anciennement adoptée par ARISTOTE, & dans la suite mieux développée par l'ÉCLUSE, sous le nom de CLUSIUS (*g*). Plusieurs Auteurs ont suivi leur exemple ; mais si on l'emploie seule, elle est d'un foible secours à celui qui veut reconnoître une plante ; il lui faut attendre plus d'une année pour s'assurer de sa durée ; quoiqu'elle paroisse ligneuse & semblable à un arbrisseau, elle peut être annuelle, [*l'abutilon*] (*h*);

(g) CLUSII *rariorum plant. historia.* 1576.

(*h*) On doit avertir qu'ici, comme dans la suite, lorsqu'on cite une plante, pour exemple de quelque caractére, c'est un exemple choisi sur plusieurs ; & l'on ne doit point en conclure que le caractére, dont il est question, appartienne uniquement à la plante citée.

bien plus, une plante vivace dans un pays chaud, devient quelquefois annuelle dans un climat plus froid [le *riccin*]. Cette unique confidération peut donc induire en erreur ; d'ailleurs elle eft fi générale qu'elle en exige néceffairement plufieurs autres pour déterminer une plante donnée.

Tirées des feuilles.

Les *feuilles* étant plus apparentes, plus communes & plus permanentes que les fleurs, ont été bientôt envifagées ; mais à mefure que la Botanique a fait des progrès, on a également reconnu l'incertitude des fignes caractériftiques tirés des *feuilles*.

On a vû qu'elles varioient dans leurs formes, fur le même individu ; on a vû que la même plante, fous un ciel différent, par une différente culture, ou femée en différentes faifons, fe couvroit de feuilles qui n'avoient aucune reffemblance entre elles. On s'eft affuré que des plantes très-analogues, par une infinité d'autres rapports, avoient des feuilles abfolument diffemblables ; que d'autres plantes dont la figure, l'enfemble, les qualités différoient effentiellement, avoient des feuilles tellement uniformes, qu'il étoit facile de les confondre, fi l'on s'en rapportoit à ce caractére ; que certaine *véronique*, par exemple, portoit des feuilles de *german-*

drée, que la *germandrée* avoit celles du *chéne*, &c.

Si d'habiles naturalistes (*i*) ont établi de nos jours des méthodes sur les *feuilles*, ils n'ont point entendu par-là fixer des caractéres précis pour faire reconnoitre essentiellement les plantes : ils ont voulu présenter de nouveaux rapports pour faciliter les distinctions qu'ils supposent déterminées par des moyens plus sûrs & plus méthodiques. Ils ont eux-mêmes établi pour principe l'insuffisance des *feuilles*.

On trouve la même insuffisance dans les racines, & encore plus dans toutes les qualités variables des végétaux, telles que le goût & la couleur que la culture ou le climat modifient de mille manieres.

TIRÉES DES QUALITÉS VARIABLES.

On a donc cherché des caractéres plus solides encore, plus constans, plus généraux. On les a nommé *caractéres naturels*. Ils ont été tirés de l'ensemble & de la combinaison des parties les plus essentielles de la végétation ; la fleur, le fruit, la graine, la disposition des tiges & des branches, &c. Tous les divers accidens de chacune de ces parties, rapprochés & comparés, ont conduit à des divisions naturelles & déterminées.

FAMILLES NATUREL-LES.

(*i*) M^r. de Sauvages, *methodus foliorum*. M^r. Duhamel du Monceau, *Traité des arbres*.

Ces divisions fondées sur des rapports multipliés, permanens & sensibles, ont été appellées *familles naturelles*; telles sont les plantes *graminées*, les *cruciformes*, les *légumineuses*, les *ombelliféres*, les *malvacées*, les *cucurbitacées*, *labiées*, *liliacées*, *coniféres*, &c. (*k*) Chaque plante de chacune de ces familles, rassemble des caractéres sensibles, essentiellement les mêmes, dans toutes les plantes de la même famille; tels sont, dans les animaux, les *chiens* parmi les *quadrupédes*; toutes les especes de *pic* parmi les *oiseaux*; les *scacabés* parmi les *insectes*, &c.

Quiconque est parvenu à se faire une idée juste des caractéres distincts de toutes ces *familles*, y range sans peine la plante inconnue qu'il rencontre. Si elle lui présente les mêmes rapports, il ne peut s'y méprendre.

Elles paroissent avoir été véritablement distinguées par la nature, & les Botanistes en ont successivement déterminé un grand nombre. S'ils fussent parvenus à rassembler ainsi, toutes les espèces de plantes connues, ils eussent trouvé la *méthode naturelle* (*l*), qu'on cherche envain depuis l'origine de la science.

(k) *Voyez ci-après la description de ces familles dans la méthode de Tournefort.*

(*l*) Le *Chevalier van Linné* a donné un fragment de la méthode naturelle. Voy. *Philos. Botan.* p. 27.

Cette méthode ne seroit autre chose que le tableau de la progression graduelle que la nature a suivie dans la formation des végétaux, comme dans celle de tous les êtres. Mais les chaînons de cette chaîne ne font pas tous connus ; ceux qui nous échappent, forment des interruptions qui mettent à chaque instant la science en défaut ; un grand nombre de plantes ne peut trouver sa place dans les *familles naturelles* ; dénuées de rapports uniformes entre elles, elles ne sauroient constituer de nouvelles familles ; elles restent en quelque sorte isolées, & livreroient de nouveau la Botanique à la confusion, si l'art n'eût suppléé à ce que la nature nous déroboit (*m*).

On a donc imaginé des *méthodes artificielles* ; on a cherché dans les plantes ou dans quelques-unes de leurs parties, des caractéres qui, quoique moins sensibles, moins multipliés, fussent plus simples, plus généraux, aussi invariables que ceux qui établissent les *familles naturelles* ; à cet effet on a étudié les principes méchaniques des végétaux, dans la forme, dans le nombre & dans les proportions respectives.

(*m*) Quelques modernes regardent la détermination de ces familles comme une découverte arbitraire ; ils vont même jusqu'à nier qu'elles existent dans la nature.

Sur ces caractéres généraux, observés scrupuleusement, on a fondé les principales distinctions, qu'on a subdivisées en assignant d'autres caractéres moins apparens. Ces divisions raisonnées ont été appellées *méthodes botaniques*; & *systémes*, lorsque les principes qu'elles supposent, sont encore plus fixes & plus déterminés.

LEURS DIVISIONS.

On a désigné chaque division de la *méthode* ou du *systéme* par un terme générique qui la caractérise: De-là sont nées, 1°. les *classes* ou *familles*; 2°. les *ordres* ou *sections*; 3°. les *genres*; 4°. les *espèces*; 5°. les *variétés*; 6°. l'*individu*.

Les *classes* ou *familles* d'une méthode forment les premieres divisions: celles qui se tirent du caractére général qu'on a adopté pour la premiere distinction.

L'*ordre* ou *section*, subdivise chaque classe, en considérant un caractére moins apparent, mais aussi général que celui qui constitue la classe. L'ordre est en quelque sorte une *classe subalterne* (*n*).

Le *genre* subdivise l'*ordre*, en considérant dans les plantes, indépendamment du caractére particulier de l'ordre, des rapports constans dans leurs parties essentielles: rapports qui rapprochent un certain nombre d'*espéces*.

(*n*) Linnæi *Genera plantarum*. 1754. *Ratio operis*. p. 5.

L'*espéce* subdivise le *genre* : mais par la considération des parties moins essentielles qui distinguent constamment les plantes qui y sont comprises.

La *variété* subdivise les *espéces*, suivant les différences, uniquement accidentelles, qui se trouvent entre les individus de chaque espèce.

L'*individu* est donc l'être ou la plante qui arrête nos yeux, considérée seule, isolée, indépendamment de *son espèce*, de *son genre* & de *sa classe*.

Cette idée générale des divisions admises dans les *méthodes artificielles*, deviendra plus claire, par l'application qu'on en fera à des méthodes particulieres. Pour la rendre plus sensible, dès à présent, nous emprunterons, avec un Physicien célébre (*o*), la comparaison de CÆSALPIN (*p*). » Au moyen de ces » distinctions le regne végétal se trouve » divisé comme un grand corps de trou- » pes. L'armée est divisée en régimens ; » les régimens en bataillons ; les batail- » lons en compagnies ; les compagnies » en soldats.

(*o*) *M. Duhamel du Monceau.*

(*p*) Botaniste fameux du 16ᵉ. siecle. *Nisi in ordines redigantur plantæ & velut castrorum acies distribuantur in suas classes, omnia fluctuari necesse est.*

Une pareille méthode conduit pas à pas à connoître la plante qu'on n'a jamais vue. Supposons 10000 plantes connues : je cherche d'abord, dans la plante que j'ai sous les yeux, le caractére général qui sert à distinguer chacune des vingt-quatre *classes*, que je suppose aussi dans la méthode. Ce caractére trouvé : je n'ai plus à reconnoître ma plante que sur cinq cens. Le caractére de l'*ordre* réduira bientôt ce nombre à une centaine de plantes environ ; celui du *genre* à une vingtaine ; le caractére de l'*espéce* se présente alors & me fait distinguer l'*espéce* que j'examine, & la *variété* qui n'en differe qu'accidentellement.

Cette opération présente, comme l'observe M. DUHAMEL (*q*), autant de facilité & à peu près la même marche, qu'un Dictionnaire, où pour trouver le mot donné, on cherche successivement la premiere, la seconde, la troisieme & de suite les autres lettres du mot. Pour trouver ARBRE, par exemple, on cherche l'*A* ; après l'*A*, l'*R* & successivement le *B*, l'*R* & l'*E*. Le premier A représente le caractére de la *classe*, l'R celui de l'*ordre*, le B celui du *genre*, l'R de l'*espéce*, l'E de la *variété* ; & la méthode ainsi que

(*q*) *Préface de la Physique des arbres.*

le

le Dictionnaire, en donne la description particuliere.

Les méthodes artificielles ont été long-tems à atteindre au point de précision dont on parle. La détermination des caractéres généraux & particuliers qui les consti-tuent, exigeoit des observations d'au-tant plus exactes & plus multipliées, que le mérite de ces caractéres consiste à rap-procher un plus grand nombre de *familles naturelles* ; qu'ils doivent convenir en même tems à toutes les plantes connues ; & que la Botanique depuis la découverte du nouveau monde, a plus que doublé ses richesses.

LOBEL en 1570, L'ÉCLUSE [*Clusius*] en 1576, DALÉCHAMP Docteur en Médecine à Lyon en 1587, donnérent successivement de bonnes descriptions d'un très-grand nombre de plantes : mais la vraie difficulté étoit de fixer les parties où l'on devoit chercher les caractéres classiques & génériques.

GESNER Médecin Suisse, est le pre-mier qui en 1560, avança qu'il falloit les chercher dans *les parties de la fructi-fication*, c'est-à-dire dans les fleurs, dans les fruits & dans les graines : prin-cipe d'autant plus juste, que ces parties étant destinées à la réproduction du sujet,

Part. I.   B

PROGRÈS DES MÉTHO-DES ARTIFI-CIELLES.

LOBEL. L'ÉCLUSE. DALÉCHAMP.

GESNER.

font néceffairement les plus conftantes &
les plus générales ; mais jufqu'à GESNER,
les racines, les feuilles ou les fleurs
feules, avoient fixé les regards des Obfer-
vateurs.

CÆSALPIN. CÆSALPIN Médecin de Pife, a la
gloire d'avoir le premier mis en ufage le
principe de GESNER. En 1583, il décrivit
840 plantes, & les diftribua en quinze
claffes, par une méthode dans laquelle,
après avoir admis la diftinction générale
des arbres & des herbes, il tira fes caractéres diftinctifs & génériques, des parties
de la *fructification*, & fur tout des fruits,
du nombre des loges, du nombre, de
la forme & de la difpofition des graines,
&c.

COLUMNA. En 1592 FABIUS COLUMNA Napo-
litain, développa encore mieux la diftinction des genres.

LES FRERES Peu de tems après, en 1596, GAS-
BAUHIN. PARD BAUHIN, par un travail immenfe
fixa, dans fon *Pinax*, la dénomination de
toutes les plantes décrites jufqu'à lui. En
1650 parut l'*Hiftoire univerfelle* des plantes de JEAN BAUHIN, où l'on trouve
la defcription de 5266 plantes, divifées
en quarante claffes. La Botanique doit
une partie de fes progrès à ces deux
illuftres freres ; mais la manie de vouloir

l'asservir à la division des vertus & des usages, retardoit encore ceux des méthodes qui peuvent seules la perfectionner.

En 1680 MORISON Médecin Ecossois, publia une Histoire universelle des plantes, dans laquelle il présenta sous une nouvelle forme, les divisions de CÆSALPIN, tirées des *parties de la fructification*, & principalement du fruit.

RAI, Ministre Anglois, dans sa *Méthode naturelle des plantes* (1682), surpassa MORISON & CÆSALPIN ; il en éxécuta le plan en 1686, dans l'*histoire générale des plantes*, où il décrivit 18655 espèces ou variétés. Il se fonda dans leur arrangement, sur l'ensemble de toutes les parties, la durée & la grandeur, la perfection, le lieu de la naissance, le nombre des pétales, les capsules des graines, les fleurs, les calices & les feuilles ; sous ce point de vue il forma trente-trois classes.

CHRISTOPHE KNAUD dans *l'énumération des plantes qui croissent aux environs de Hall*, donna en 1687, une méthode établie en partie sur les fruits, qui diffère peu de celle de RAI.

PAUL HERMAN Professeur à Leyde, MAGNOL, Professeur à Montpellier, RIVIN à Leipsik, enrichirent successivement la Botanique, de méthodes ingénieuses & d'observations nouvelles qui furent comme l'aurore du jour, que l'illustre M^r. PITON DE TOURNEFORT alloit répandre sur toutes les branches de cette science.

TOURNE-
FORT!

Il proposa en 1694, sa méthode fondée sur la corolle & sur le fruit. La clarté de cette méthode, sa précision, sa généralité, lui méritérent dès son origine, la préférence sur toutes celles qui avoient paru. Plus de vingt-deux Auteurs l'adoptérent successivement, en y faisant les changemens qu'exigérent les nouvelles découvertes, ou les imperfections échappées à ce grand homme.

SES SEC-
TATEURS.

Les principaux Sectateurs de TOURNEFORT sont, le Pere PLUMIER dans ses *fougéres* & ses *plantes d'Amérique*, BARRELIER, DILLEN, PONTÉDÉRA, MICHELI, l'immortel BOERHAAVE qui voulant ramener sa méthode principalement à la considération du fruit, combina en quelque sorte les méthodes de RAI, D'HERMAN & de TOURNEFORT; & de nos jours M^r. BERNARD DE JUSSIEU, célébre Lyonnois, digne éléve de M^r. DE TOURNEFORT qui feroit gloire d'introduire dans sa méthode, les changemens heureux que l'observation & l'analogie ont dictés à son Successeur, & qui l'engageroit sans doute à les publier.

Enfin parut en 1737 la méthode sexuelle du Chev. VON LINNÉ, Médecin & Professeur de Botanique à Upsal. Elle présente la Botanique sous une face toute nouvelle, & eut en naissant le même sort que celle du Restaurateur de cette science.

Le Botaniste François la trouva encore incertaine & la fixa ; le Botaniste Suédois s'ouvrit une route nouvelle, & tendit au même but, éclairé des lumieres de ses prédécesseurs, d'un immense travail & du génie de l'observation. Peut-être la science eût-elle acquis un degré de perfection de plus, si le Chev. LINNÉ se fût borné à réformer encore la méthode de TOURNEFORT ; mais elle n'eût pas acquis cette foule de faits, de vues, de rapports, auxquels la considération du sexe des plantes, a donné lieu.

Sans vouloir comparer ici ces deux grands hommes, répéter ce qu'ils ont inspiré à leurs sectateurs & à leurs ennemis, & faire observer qu'un Auteur n'a gueres d'ennemis que pendant sa vie : admirons-les l'un & l'autre ; cherchons à tirer une instruction de la diversité même & de la comparaison de leurs principes & de leurs méthodes. L'ordre de la nature eſt lui ſeul ſans imperfection ; mais il eſt voilé à nos yeux qui ſont à peine ouverts. Toute méthode artificielle a néceſſairement des défauts, des vuides, des lacunes, des points obſcurs ; mais deux méthodes ſi bien conçues, ſi bien liées, fondées ſur l'obſervation, s'éclairent mutuellement ; elles ne ſauroient errer dans les mêmes parties ; ſi l'une égare un inſtant, l'autre ramene au but.

AUTRES MÉTHODIS-TES ET BO-TANISTES CÉLÈBRES.

On en peut dire autant de la comparaiſon de pluſieurs autres méthodes ſavantes ou ingénieuſes, telles que celles de Mʳˢ. DE HALLER, VAN ROYEN, DE SAUVAGES, ADANSON, & des obſervations répandues dans les ouvrages de Mʳˢ. DE JUSSIEU, GUETTARD, DILLENIUS, ALLIONE, GOUAN, GÉRARD, &c. La multiplicité des méthodes & des obſervations comparées, conduit à diſtinguer les plantes, ſous un plus grand nombre de rapports, & conſéquemment à les mieux connoître.

MÉTHODE DE TOURNEFORT, ADOPTÉE DANS LES DÉMONSTRATIONS.

Nous nous bornerons ici aux deux méthodes les plus univerſellement adoptées, & aux principes les plus généraux. Nous tâcherons de donner une idée du ſyſtême du Chev. LINNÉ, de ſon plan & de l'exécution. Nous développerons davantage la méthode de TOURNEFORT, qui a été adoptée dans l'arrangement des démonstrations, par deux raisons : 1°. parce qu'étant bornées à un petit nombre de plantes, cet ordre est plus simple, plus facile à saisir, plus commode à expliquer en François ; 2°. parce que l'ordre des démonstrations devant être le même que celui du jardin où elles sont faites, la distinction des arbres & des herbes adoptée par TOURNEFORT, convient mieux à un jardin, que la méthode sexuelle qui, suivant uniquement la marche de la nature, place comme elle, la *pimprenelle* au pied du *chêne*.

Avant d'expliquer ces méthodes, il est nécessaire d'établir les notions qu'elles supposent, & principalement celles qui sont nécessaires pour l'intelligence des démonstrations. De ce nombre sont les *caractéres généraux* des classes, des ordres & des genres. On peut dire que dans les deux systêmes, ils sont fondés sur les mêmes principes, puisqu'ils sont tirés en général *des parties de la fructification*, c'est-à-dire, des parties qui concourent à la formation de la graine, unique fin de la nature végétante.

Nous allons les décrire ; & pour ne pas confondre les objets en les multipliant sous un point de vue trop rapproché,

nous examinerons dans la suite, en particulier, les caractéres des espèces, qui
font fondés fur toutes les autres parties
des végétaux ; ces caractéres font en
quelque forte indépendans des fyftêmes,
puifque dans quelque méthode que ce
foit, on peut employer les mêmes principes à la diftinction des espèces.

Il eft bon d'obferver ici, que l'objet
de la Botanique étant de fournir les
moyens de reconnoître & de diftinguer
les plantes, les recherches des Botaniftes
ne doivent effentiellement porter que
fur leurs parties extérieures. L'examen
des organes internes appartient au Phyficien qui cherche à découvrir les loix
de la végétation, pour étendre la fphere
de nos connoiffances, & pour en tirer
des conféquences utiles à l'humanité.

Quelque nombreufes que foient les
obfervations dont s'eft enrichie l'hiftoire
phyfique des végétaux ; quelqu'importan-
tes que foient les découvertes modernes,
dues aux célébres M^rs. GREW (r), HALES
(f), DUHAMEL (t) & BONNET (u);

(r) *Anatomie des plantes.*
(s) *Statique des végétaux.*
(t) *Phyfique & Traité des arbres.*
(u) M. BONNET de Geneve, dans fes recherches
fur *l'ufage des feuilles* ; dans la *contemplation de la nature*,
& dans fes *confidérations fur les corps organifés* : ouvrage
immortel qui fait l'éloge de la Philofophie qui l'a dicté,
& du fiecle où il a paru.

nous devons nous renfermer dans les limites de la Botanique ; nous borner , pour l'éclairer en tous ses points , à donner une idée de l'organisation , de l'économie & de l'usage des parties internes ; nous occuper essentiellement de l'organisation extérieure , & commencer par les parties sur lesquelles nos deux méthodes sont fondées.

On doit se rappeller que leurs *caractéres* généraux & particuliers , sont pris dans les parties des plantes employées à leur réproduction , & qu'on les a nommé , *parties de la fructification* , ou *parties de la génération.*

DES CARACTERES
BOTANIQUES
EN GÉNÉRAL.

ON a vû, par tout ce qui précéde, que le but des recherches des vrais Botanistes, a toujours été de découvrir & de déterminer des notes ou signes, assez sensibles, assez constantes, assez générales, pour servir à distinguer toutes les plantes les unes des autres. Ces signes reconnus, ont été nommés *caractéres*.

CARACTÉ-
RE.

Les *caractéres* des plantes sont donc les parties essentielles par lesquelles elles se ressemblent ou different entre elles.

TOURNEFORT n'en a fait aucune distinction ; le Chev. LINNÉ les divise en quatre espèces.

FACTICE.

1°. Le *caractére factice* ou *artificiel*. C'est celui qui se tire d'un signe de convention, tel que ceux qui sont déterminés par la plupart des méthodes (*a*). On verra que ce caractére suffit pour dis-

(*a*) Voy. ci-après *principes des méthodes.*

tinguer les genres d'un ordre, d'avec ceux d'un autre ordre, mais qu'il ne les distingue pas entre eux.

2°. Le *caractére essentiel*. C'est un signe remarquable & si approprié aux plantes qui le portent, qu'il ne convient à aucune autre ; tel est le *nectar* (*b*) des *hellebores* & des *aconits*. Ce caractére distingue essentiellement les genres, dans tous les ordres, & distingue essentiellement aussi, tous les genres d'un même ordre, les uns des autres.

3°. Le *caractére naturel*. Il se tire de NATUREL. tous les signes que peuvent fournir les plantes, & comprend par conséquent le *factice* & *l'essentiel* ; ainsi on s'en sert pour distinguer les classes, les genres & les espèces (*c*).

4°. Le *caractére habituel*. Il fut connu HABITUEL. de TOURNEFORT sous le nom de PORT, *facies propria, habitus plantæ*. Il consiste dans la conformation générale d'une plante, considérée suivant le résultat & l'ensemble de toutes ses parties, dans leur position, dans leur accroissement, dans leurs grandeurs respectives, & tous autres rapports qui les rapprochent ou les différencient entre elles. On peut le com-

(*b*) Voyez ci-après *la corolle & ses parties*.
(*c*) Voy. *Familles naturelles*. pag. 11.

parer à la *physionomie* qui résulte de toutes les modifications des traits du visage.

Ce *caractére* que l'œil de l'observateur
parvient bientôt à discerner, & que la
mémoire rappelle plus facilement que
l'esprit ne le définit, n'a gueres été employé qu'à la distinction des espéces. Le
Chev. LINNÉ a pensé néanmoins qu'il
pouvoit servir aussi à faciliter celle des
genres ; & M'. GOUAN, dans son *hortus
Monspeliensis*, l'a utilement employé sous
le nom de *caractére secondaire*.

Ces principes s'éclairciront par le développement des méthodes, & des notions générales qui vont les précéder.

DES PARTIES
DE LA FRUCTIFICATION;
Caractéres classiques & génériques.

LES *PARTIES* essentielles de la *FRUCTIFICATION*, qui servent de caractéres distinctifs pour les classes, les ordres & les genres, sont la *FLEUR* & le *FRUIT*, dont l'organisation interne comprend des fibres, des trachées, des vaisseaux, des utricules, une *pulpe*. Il en sera parlé dans la suite, principalement dans l'examen des parties des plantes en général (*a*).

Les *parties de la fructification* sont ordinairement placées à l'extrémité d'une petite tige qu'on nomme *péduncule*, l'extrémité de la tige est appellée *réceptacle*.

Le *péduncule* [pedunculus] est donc la tige qui supporte la *fleur* & le *fruit*. *Voyez* Pl. 1. Fig. 11. Lett. *a*. distingué du *pétiole* qui porte les feuilles. Pl. 5. Fig. 3. Lett. *i*. PÉDUN-CULE.

Le *réceptacle* [receptaculum] est l'extrémité du péduncule, sur laquelle re- RÉCEP-TACLE.

(*a*) *Voyez ci-après, organisation interne des parties des plantes, &c.*

poſent immédiatement la *fleur* ou le *fruit*, ou tous deux enſemble. C'eſt ordinairement le centre de la cavité du *calice*, qui eſt quelquefois convexe en cette partie. *Voy*. Pl. 2. Fig. 1. Lett. *o*. On le nomme *placenta*, lorſqu'il reçoit les vaiſſeaux ombilicaux qui ſervent à tranſmettre la nourriture aux ſemences.

TOURNEFORT le diſtingue en *réceptacle propre*, qui ne porte que les parties d'une ſeule fructification, c'eſt-à-dire une fleur ſimple, unique ; & en *réceptacle commun*, qui porte des fleurs compoſées de l'aggrégation de pluſieurs petites fleurs.

Il eſt quelquefois garni de *poils* ou *ſoies* [ſetæ], (*les chardons*) ; quelquefois de *lames* [paleæ], interpoſées entre les graines ; (*les marguerites*).

OBSERV. Le Chev. LINNÉ place l'*ombelle* (*b*) parmi les eſpèces de *réceptacle*. Pl. 1. Fig. 7.

1°. LA FLEUR.   *LA FLEUR* [*flos*] eſt cette partie de la plante qui renferme *les organes de la fructification*, qu'on nomme auſſi *organes* ou *parties de la génération* (*c*).

Elle eſt compoſée du *calice*, de la *corolle*, de l'*étamine* & du *piſtil*.

(*b*) Voy. ci-après *ombelle*, dans les *principes de la méthode* de TOURNEFORT.

(*c*) Voy. ci-après *organiſation extérieure des parties des plantes*, *diſpoſition des fleurs*, *fleuraiſon*, *épanouiſſement*.

La fleur est appellée *complette*, lorsqu'elle renferme toutes ces parties ; *incomplette*, lorsqu'elle est dépourvue de quelques-unes d'entre elles. Il y a des fleurs sans *calice*, sans *corolle*, &c.

LE CALICE [calix] est un corps CALICE. évasé à l'extrémité du péduncule, par l'épanouissement ou le renflement duquel il est formé ; il porte, & enveloppe en partie, les organes de la fructification. Lorsqu'il tombe avec les pétales, il s'appelle *deciduus* ; celui qui tombe avant eux, *caducus* ; celui qui persiste après la fleur, *persistens*.

TOURNEFORT le distingue en *proprement dit & improprement dit*. Le premier renferme les organes de la fructification jusqu'à leur état de perfection ; le second ne les accompagne pas jusqu'à cet état ; alors le pistil devient le fruit.

Le Chev. LINNÉ détermine sept espèces de *calices*.

1°. Le *périanthe* [perianthium] est le plus commun ; il est ordinairement de plusieurs piéces, ou du moins découpé par ses bords ; il n'enveloppe quelquefois qu'une partie de la corolle. *Voy.* Pl. 1. FIG. 1 & 2. LETT. *b*. Pl. 2. FIG. 1. LETT. *h*, & la FIG. 3. LETT. *a*.

Quand il est d'une seule piéce, on

l'appelle *monophille* [monophyllus] ; s'il y en a deux, *diphille* ; trois, *triphille*, &c.

Il varie dans sa forme, en *globuleux*, *cylindrique*, *écailleux*, *strié*, *cannelé*, &c. Ces épithétes seront définies, en parlant des parties des plantes qui constituent les espéces.

2°. L'*enveloppe* [involucrum] embrasse plusieurs fleurs ramassées ensemble, qui chacune, peuvent avoir leur *périanthe* particulier, c'est le calice *improprement dit* de TOURNEFORT. Il convient aux fleurs *composées* & aux *ombelliféres* (*d*). *Voy.* Pl. 1. FIG. 7. Lett. *d d d*, *dans les ombelliféres*, & FIG. 12. Lett. *c c dans les composées.*

3°. Le *spathe* [spatha] enveloppe une ou plusieurs fleurs, qui ordinairement n'ont point de *périanthe*. C'est une membrane adhérente à la tige, ouverte de bas en haut & d'un seul côté ; ordinairement d'une seule piéce qui s'ouvre d'une maniere indéterminée ; rarement de deux piéces ; sa figure varie ; (*plusieurs liliacées*). *Voy.* Pl. 2. FIG. 1. Lett. *a.* Le *spathe du narcisse.*

4°. La *bâle* [gluma] est composée d'une, de deux ou de trois valvules,

(*d*) Voyez ci-après les fleurs *composées* & les *ombelliftres. Principes de la méthode* de TOURNEFORT.

espèces

espèces d'écailles , ordinairement tranſparentes par leurs bords , & le plus ſouvent terminées par un filet pointu , qu'on nomme *barbe* [ariſta]. C'eſt le calice des *graminées* (*e*). *Voy.* Pl. 1. Fig. 15. Lett. *c* , *un épi couvert de bâles.* Lett. *a a* , *les écailles.* Lett. *b b* , *les barbes.*

5°. Le *chaton* [julus *ou* amentum] eſt une ſorte de filet , d'axe ou de poinçon (*f*), reſſemblant en quelque ſorte à la queue d'un chat ; il porte un amas de fleurs *mâles* ou *femelles* (*g*), preſque toujours dépourvues de pétales & de calice ; mais il eſt garni d'écailles qui y ſuppléent , (les *amentacées* , les *conifères* , la *maſſe d'eau* , &c.). *Voy.* Pl. 1. Fig. 18 & 19 ; à la Fig. 18 , *un chaton du* peuplier *portant des fleurs femelles* ; à la Fig. 19 , *un chaton de* ſaule *portant des fleurs mâles.*

6°. La *coëſſe* [calyptra] , enveloppe mince , membraneuſe , qui entoure la fructification dans pluſieurs eſpèces de *mouſſes. Voy.* Pl. 1. Fig. 20. Lett. *a a.*

7°. La *bourſe* [volva] , enveloppe

(*e*) On appelle ainſi toutes les plantes qui ont les caractères des *gramens* , les eſpèces de *bleds* , le *millet* , l'*avoine* , le *chiendent* , &c.

(*f*) Les gens de la campagne le nomment *Roupie.*

(*g*) Voyez la diſtinction des fleurs *mâles* & *femelles* , après la deſcription des parties de la fleur.

Part. I. C

épaiſſe qui renferme certains *champignons*
avant leur développement, & qui éclate
enſuite pour faire paſſage à la plante,
(*la morille*).

COROLLE.   *LA COROLLE* [corolla] eſt la partie
la plus apparente de la fleur, ordinairement colorée, quelquefois odorante, ſouvent diviſée en feuilles. Elle eſt portée
par le calice, avec lequel les Jardiniers
la confondent quelquefois.

Ce que dans la *tulipe* ils nomment *calice*, eu égard à ſa figure, eſt réellement
une *corolle*. La *tulipe* n'a point de *calice*.

La *corolle* varie dans ſa forme & dans
ſa couleur. On examinera dans la ſuite les
différentes formes qu'elle affecte.

Quant à la couleur, elle eſt en général,
ou *aqueuſe* [hyalina], ou *blanche* [alba],
ou *cendrée* [cinerea], ou *brune* [fuſca],
ou *noire* [nigra], ou *jaune* [lutea], ou
rouge [rubra], ou *pourpre* [purpurea],
ou *bleue* [cærulea], avec diverſes variétés dans les nuances.

Mais ces couleurs ne fourniſſent que
des caractéres incertains, & reçoivent de
la température, du ſol, de la culture,
&c. diverſes modifications qui les altérent, & qui changent ſur-tout le bleu en
blanc (dans la *campanule*, la *valériane
grecque*) ; le rouge éprouve le même

changement (le *serpolet*, la *bétoine*) ; le jaune se change aussi en blanc (le *mélilot*) ; le blanc en pourpre (la *pomme épineuse*) ; le bleu en jaune (le *safran*) ; le rouge en bleu (le *mouron*), &c.

OBSERV. La couleur des fleurs vient moins de la nature des sucs qui contribuent à leur nutrition, que de l'organisation primitive de la corolle ; cependant en arrosant les plantes avec des sucs colorés, on parvient quelquefois à changer leurs couleurs. L'air, la chaleur & sur tout la lumiere, concourent aussi à la colorisation des fleurs, & à celle des autres parties de la plante (*h*).

On distingue dans la *corolle* le *pétale* & le *nectar*.

1°. Le *pétale* [petalum] est une pro- PÉTALE.
duction mince, une espèce de feuilles ordinairement colorée, composée d'un grand nombre de vaisseaux & d'un tissu cellulaire ou substance pulpeuse, que GREW nomme *parenchyme*. Toutes ces parties sont recouvertes d'un épiderme, ou plutôt d'une véritable écorce transparente (*i*), qui transmet les couleurs du parenchyme.

(*h*) Voy. ci-après *parties des plantes en général*. *Observation sur les variétés accidentelles. Etiolement.*

(*i*) Voyez *les observations sur l'écorce des feuilles & des pétales*, par M. DE SAUSSURE Professeur à Genéve, 1762.

Le pétale conftitue réellement la corolle, il entoure les étamines & les piftils: *Voy*. Pl. 1. Fig. 1. Lett. *a a*. Fig. 2. & 3. Lett. *id*. Il eft quelquefois d'une feule piéce: Pl. 1. Fig. 1. Quelquefois compofé de plufieurs: Pl. 1. Fig. 8 & 10.

Dans le premier cas, la corolle fe nomme *monopétale*, dans le fecond *polypétale*. On appelle *apétale*, la fleur qui n'a point de pétales.

COROLLE MONOPÉTALE. La corolle *monopétale* eft compofée d'une feule feuille, dont la partie fupérieure eft nommée le *limbe* [limbus]: *Voy*. Pl. 1. Fig. 1. Lett. *k*. L'inférieure rélativement à fa forme, prend le nom de *tuyau* ou *tube* [tubus], d'où l'on dit une corolle *tubulée*: Pl. 1. Fig. *id*. Lett. *o*. L'*ouverture* ou l'*évafement* de cette corolle fe nomme en latin *faux*. *Voy*. Pl. *id*. Fig. *id*. Lett. *p*.

POLYPÉTALE. La corolle *polypétale* eft compofée de plufieurs feuilles détachées les unes des autres: Pl. 1. Fig. 8. Lett. *d*. On nomme *onglet* [unguis] la partie inférieure, par laquelle elles s'attachent au réceptacle: Fig. *id*. Lett. *e e*. & la fupérieure l'*épanouiffement* ou la *lame* [lamina]: Fig. *id*. Lett. *f f*. Sa forme varie en *dentelée*, *échancrée*, *platte*, *creufe*, *frangée* [fimbriata] &c.

Il suit de là, que les découpures du *limbe* ne constituent pas une corolle *polypétale* ; elle doit être considérée jusqu'à la base du *tube*, & n'est réputée *polypétale*, que lorsqu'elle se termine en *onglet*, & non en *tuyau*.

La fleur *apétale* n'a point de pétales ; FLEUR mais un calice & des étamines, ou un APÉTALE. calice & des pistils, ou des étamines & des pistils sans calice : Pl. 1. Fig. 15, 16, 17, 18, 19 & 20.

Nª. Les diverses formes de ces trois espèces de fleurs, seront décrites ci-après, avec la méthode de TOURNE-FORT, & leurs diverses dénominations indiquées.

2°. Le *nectar* [nectarium] est une partie NECTAR. de la corolle, destinée à contenir le *miel*, espèce de sel végétal, sous une forme fluide, qui suinte de la plante, & que les abeilles viennent y chercher. Toutes les fleurs n'en sont pas pourvues ; il ne paroît pas essentiel à la fructification.

Il se présente sous plusieurs formes : comme un filet, comme une écaille, un cornet, un mammelon, un éperon ; quelquefois ce sont des poils, des sillons, des cavités ; quelquefois par sa forme, par ses couleurs & par son organisation interne, on le reconnoît pour un simple prolongement des pétales, pour un vrai pétale, distingué par son usage & par sa disposition. L'*ancolie*, l'*ellebore* &c. en ont de remarquables. *Voy*. Pl. 2. Fig. 2. Lett. *a a*. *le* nectar *de la* capucine, *en forme de corne, dans son calice*.

ÉTAMINE. *L'ÉTAMINE* [stamen] est la partie mâle de la génération ; elle est renfermée dans l'intérieur de la corolle, ou du calice, si la fleur est apétale (*k*).

Elle varie en nombre. Sa forme est ordinairement celle d'un *filet* surmonté d'un *bouton* qui renferme une *poussiére*. *Voy*. Pl. 2. Fig. 3. & 5. On y distingue donc trois parties.

FILET. 1°. Le *filet* [filamentum] est une sorte de pédicule qui supporte le *sommet*. Pl. 2. Fig. 3. Lett. *e e*. & la Fig. 5. Lett. *a*.

ANTHÉRE. 2°. Le *sommet* ou *anthére* [anthera] paroît au dehors comme un *bouton*. *Voy*. Pl. 2. Fig. 3. Lett. *f f f*. & la Fig. 5. Lett. *b*. C'est un petit sac, une capsule qui a une ou deux cavités, & qui est fixé à la pointe du *filet*. On le considére comme le véritable organe de la génération. Il varie dans sa forme.

POLLEN. 3°. La *poussiére fécondante* [pollen,

(*k*) Voy. ci-après, sur le lieu où s'insèrent les étamines, la note de la *monæcie gynandrie*, dans les ordres du *système* sexuel.

pulvis] eſt contenue dans l'intérieur du *ſommet*, & s'en échappe lorſque la maturité le fait entr'ouvrir. *Voy.* Pl. 2. Fig. 3. Lett. *ff. & dans la même planche*, Fig. 4. *le* pollen *groſſi au microſcope*, *& le jet élaſtique de la pouſſiére fécondante.*

Cette pouſſiére ordinairement jaune , très-apparente dans les *ſommets* des *tulipes*, eſt la vraie cire brute que les abeilles recueillent, au moyen des broſſes de poils , dont leurs cuiſſes ſont couvertes. Après avoir été triturée & préparée dans leur eſtomac, elle devient la vraie *cire*, eſpèce d'huile végétale , rendue concréte par la préſence d'un acide , que la Chymie en retire , lorſqu'elle veut la rendre fluide.

OBSERV. Dans quelques fleurs, les étamines ſont ſenſibles comme les feuilles de la *ſenſitive* ; elles éprouvent un mouvement convulſif, lorſqu'on les touche à leur baſe. Telles ſont celles de l'*héliantheme* , (*l*) de la *raquette* , de l'*épine-vinette* , &c.

LE PISTIL [piſtillum] eſt la partie PISTIL. femelle de la génération. *Voy.* Pl. 2. Fig. 3. Lett. *b c d.* & la Fig. 6. Lett. *a b c.*

Il varie en nombre , il occupe le centre de la corolle & du réceptacle ; ſa forme ordinaire eſt une eſpèce de *mammelon* qui

------

(*l*) Voy. ci-après *détermination des feuilles. Irritabilité des plantes.*

se termine en un *stilet* souvent perforé à son extrémité supérieure. Il est donc composé de trois parties, qu'on nomme le *germe*, le *style* & le *stigmate*.

GERME. 1°. Le *germe*, autrement dit *embryon* [germen], est la partie inférieure du *pistil* qui porte sur le *réceptacle*. Il fait les fonctions d'*uterus* ou de *matrice*; il renferme les *embryons* des semences, & les organes qui servent à leur nutrition. *Voy*. Pl. 2. Fig. 3. Lett. *b*. & la Fig. 6. Lett. *a*.

STYLE. 2°. Le *style* [stylus] est un petit corps plus ou moins allongé, qui porte sur le *germe*, & qui se termine par le *stigmate*. Il est ordinairement *fistuleux*, c'est-à-dire creusé en tuyau; on le compare au *vagin*. Il n'existe pas dans toutes les plantes. *Voy*. Pl. 2. Fig. 3. Lett. *c*. & la Fig. 6. Lett. *b*.

STIGMATE. 3°. Le *stigmate* [stigma] termine le *style*. *Voy*. Pl. 2. Fig. 3. Lett. *d*. & dans la Fig. 6. Lett. *c*. Il est tantôt arrondi, tantôt pointu, long, effilé, quelquefois divisé en plusieurs parties. On le regarde comme l'organe extérieur de la génération, ou comme les *lèvres du vagin*. Il reçoit la *poussiére fécondante* du *sommet de l'étamine*, & la transmet par le *style*, dans l'intérieur du *germe*, pour féconder les semences. Dans les fleurs qui n'ont point de *style*, le *stigmate* adhére au germe; on le nomme alors *sessile* [sessilis, *assis*].

OBSERV. Il suit de ce qui précéde qu'on doit nommer fleurs *mâles*, celles qui ont une, deux ou plusieurs étamines, sans pistils ; fleurs *femelles*, celles qui ont un, deux ou plusieurs pistils, sans étamines ; fleurs *hermaphrodites* ou *androgynes*, celles qui renferment en même tems les parties *mâles* & *femelles*, c'est-à-dire, les *étamines* & les *pistils*.

Les fleurs *stériles* sont celles dont le germe avorte [mutili], sans produire des semences fécondes ; ce sont des fleurs *neutres*, *eunuques*, des *monstres*. De ce nombre est la *fleur imparfaite* [imperfectus flos], c'est-à-dire, celle à qui l'on ne trouve ni étamines, ni pistil, quoique destinée à en porter, comme la *rose gueldre* ; celle dont l'étendue n'est pas naturelle [*flos luxurians*] ; toutes celles enfin qui viennent d'un germe fécondé par le *pollen* d'une espèce différente (*m*).

Les Jardiniers appellent les fleurs mâles, *fausses fleurs*, parce qu'elles ne produisent point de fruit ; ils nomment *fleurs nouées*, celles qui en portent, soit qu'elles soient *femelles*, soit qu'elles soient *hermaphrodites*.

On distingue encore les fleurs en *simples*, *doubles*, *pleines* & *prolifères*.

(*m*) Voy. ci-après principes des Méthodes. *Sexe des plantes.*

La fleur simple [*simplex*] est la fleur naturelle qui n'a que le nombre de pétales qui lui convient La fleur *double* [multiplex] est celle qui, par le développement contre nature, de quelques-unes de ses parties, acquiert un plus grand nombre de pétales, que la fleur naturelle de la même espèce. Les Fleuristes appellent *sémi double* celle dont le nombre des pétales est moindre que dans la *double*, & plus multiplié que dans la simple. La fleur *pleine* [plenus] est celle dont toutes les parties, les étamines & les pistils, sont changées en pétales, ce qui la rend absolument *stérile*, & la distingue de la *double* qui porte quelques semences fécondes.

Enfin on appelle *prolifére* [prolifer] la fleur qui dans son centre, produit extraordinairement une seconde fleur quelquefois avec son calice, quelquefois avec des feuilles.

Tous ces jeux de la nature sont occasionnés par les engrais, par la culture, par la nature du sol, quelquefois par d'autres accidens. Ce sont de petites mouches *ichneumons* qui font devenir la *camomille prolifére*. Quelques - unes de ces monstruosités se perpétuent, & forment, parmi les espèces, des variétés constantes qui se reproduisent par la graine.

Le Fruit [fructus] n'est autre chose que le germe grossi & développé par la maturité. Toutes les parties de la fleur, après leur accroissement, subsistent quelques jours, se dessèchent & tombent. Les *embryons* restent & continuent de se développer en grossissant ; alors, selon l'expression des cultivateurs, le fruit se *noue* ; il parvient bientôt à sa perfection, & la réproduction de l'espèce est assurée (*n*).

On distingue dans le fruit l'*enveloppe* & la *graine*. L'enveloppe se nomme *péricarpe* ; la graine, *semence*.

Le *péricarpe* [pericarpium] est la partie du germe développé, qui renferme les semences ; il peut être comparé à l'*ovaire fécondé*. Cependant toutes les plantes n'ont pas de *péricarpe* ; dans celles qui en sont dépourvues, le *réceptacle* ou le *calice* en font les fonctions & contiennent les semences (*o*). *Voy.* Pl. 2. Fig. 9. Lett. *a.* *un réceptacle de semences.*

Le *péricarpe* varie dans sa forme & dans sa consistance ; on en compte huit espèces, sous autant de noms différens.

1°. La *capsule* [capsula], enveloppe charnue & succulente avant sa maturité,

_____

(*n*) Voy. ci-après : *parties des plantes en général. Maturation des fruits.*

(*o*) Voy. ci-dessus *réceptacle*, pag. 29, & *calice*, pag. 31.

composée de panneaux qui en mûriſſant deviennent ſecs & élaſtiques. L'élaſticité de quelques fruits eſt telle qu'ils lancent au loin, leurs ſemences (*l'alléluia*) ; ils les laiſſent ordinairement ſortir, en s'ouvrant d'une maniere bien déterminée, en travers ou de bas en haut.

Quelques capſules ſont d'une ſeule piéce & s'ouvrent par le haut. *Voy*. Pl. 2. Fig. 13. (le *pavot*, le *mufle*) ; d'autres par le bas (la *campanule*) ; d'autres horiſontalement, en deux portions hémiſphériques (le *mouron*) ; d'autres, enfin, longitudinalement (le *liſeron*), &c.

La capſule n'a qu'une ſeule cavité. Quelquefois elle eſt intérieurement diviſée par des cloiſons, en pluſieurs loges. Dans le premier cas on la nomme *uniloculaire* (la *primevére*), dans le ſecond cas, *multiloculaire* (le *nymphea*). *Voy*. Pl. 2. Fig. 14. *une capſule à quatre battans, coupée tranſverſalement, pour obſerver ſes diviſions intérieures*. LETT. *a , les valvules ou battans*. LETT. *b , les cloiſons*. LETT. *c , l'axe où elles ſe rejoignent*. LETT. *d , le réceptacle des ſemences*. *Voy*. à la FIG. 15. *une capſule ouverte longitudinalement , pour découvrir le réceptacle des ſemences, dans ſa longueur*.

Si les loges de la capſule ſont tellement

distinguées, qu'elles forment plusieurs capsules réunies, mais distinctes, on nomme
ce péricarpe *bicapsulaire*, lorsqu'il y en
a deux (la *pervanche*) ; *tricapsulaire*,
trois (le *pied d'alouette*) ; *multicapsulaire*,
plusieurs (la *joubarbe*, l'*ancolie*).

2°. La *coque* [conceptaculum] est composée d'une seule piéce, qui s'ouvre de
bas en haut, d'un seul côté & sans suture,
(le *laurier rose*).

3°. La *silique* [siliqua] est composée
de deux panneaux ordinairement allon-
gés, mais qui varient dans leur forme &
dans leur dénomination ; on les nomme
panneaux *naviculaires* lorsqu'ils sont creu-
sés en bateaux ; *tétragones* lorsqu'ils ont
quatre côtés ; longs, courts, arrondis,
&c.

La silique est divisée dans sa longueur,
par une cloison membraneuse. Les semences qu'elle renferme sont attachées, comme à un *placenta*, à l'une & l'autre suture
longitudinale des panneaux, au moyen
d'un filet qui fait l'office de *cordon umbilical*, (les *cruciformes*). *Voy*. Pl. 2. Fig. 8.
Lett. *a b. les deux sutures servant de réceptacle aux semences*. Lett. *c. l'un des panneaux*.

4°. La *gousse* ou le *légume* [legumen]
est formée de deux panneaux oblongs,
nommés *cosses*, dont les bords sont réunis

par des futures longitudinales ; les femences font attachées à la future supérieure feulement, (*les légumineufes*). *Voy*. Pl. 2. Fig. 7. Lett. *a a. future supérieure où s'attachent les femences.*

La *gouffe* differe donc de la *filique*, en ce que fes graines ou *femences*, font attachées à une feule future, & qu'elle n'eft point divifée intérieurement, par une cloifon.

5°. Le *fruit à noyau* [drupa] eft compofé d'une pulpe ou chair molle, qui renferme un noyau, efpèce de boëte ligneufe, dans laquelle eft contenue la *femence* ou *amande* (le *prunier*, le *cérifier*). *Voy*. Pl. 2. Fig. 11. Lett. *a*, *la chair*. Lett. *b. le noyau.*

6°. Le *fruit à pepin* ou *pomme* [pomum] eft compofé d'une pulpe charnue, dans le milieu de laquelle, on trouve ordinairement des loges membraneufes qui renferment des femences qu'on nomme *pepins*, dont l'enveloppe eft coriacée (*le poirier*). *Voy*. Pl. 2. Fig. 10. Lett. *a a. la pomme*. Lett. *b b. les loges des* pepins.

On appelle la pomme *ombiliquée* [umbilicatum] lorfqu'elle a une petite cavité, au bout oppofé à celui qui tient au péduncule ; cette cavité prend le nom d'*umbilic*, de *nombril* [umbilicus]. Les Jardiniers la nomment *l'œil*.

7°. La *baie* [bacca] eſt recouverte d'une enveloppe membraneuſe, & renferme les ſemences éparſes dans une pulpe ſucculente, où l'on ne trouve aucune diviſion de loges, (le *génévrier*). Pl. 2. Fig. 12. La baie eſt ordinairement ovale, ronde & ſouvent *ombiliquée.*

8°. Le *cône* [ſtrobilus] eſt compoſé d'écailles ligneuſes, appliquées les unes contre les autres, s'ouvrant par le haut, & fixées par le bas, ſur un axe qui occupe le centre (le *pin*, les *conifères.*) Remarquez que les plantes dont le fruit eſt un cône, ont ordinairement la floraiſon de même, & les fleurs incomplettes.

9°. La *noix* [nux] eſt une eſpèce de fruit oſſeux, compoſé de pluſieurs piéces, recouvert d'une enveloppe coriacée, peu ſucculente, & dans le milieu duquel eſt contenue la ſemence, (le *noyer*, l'*amandier*). La chair qui lui ſert d'enveloppe, ſe nomme le *brou.* Le Chev. LINNÉ regarde la *noix* comme la ſemence même.

OBSERV. De même que les Jardiniers appellent *fleurs nouées* celles qui ſont deſtinées à produire un fruit, les Agriculteurs diſent que le *fruit eſt noué*, lorſque la fleur eſt paſſée, & que le fruit commence à groſſir ; s'il avorte, ils diſent qu'il a *coulé* ; lorſqu'avant la maturité , il commence à changer de couleur, on dit qu'il *tourne*, & il a *tourné* lorſqu'il eſt mûr.

SEMENCE.

LA SEMENCE ou *graine* [ſemen] eſt le rudiment d'une nouvelle plante ; c'eſt l'*œuf végétal*, qui *fécondé* par la pouſſiere des étamines, *vivifié* par le piſtil, & pour ainſi dire, *couvé* par la chaleur de la terre, doit réproduire une plante ſemblable à celle qui lui donna naiſſance.

On peut conſidérer la ſemence extérieurement & intérieurement.

ORGANI-
SATION EX-
TÉRIEURE.

1°. A l'extérieur elle préſente d'abord l'*épiderme* [arillus], très-viſible dans les ſemences du *caffé*, du *jaſmin*, &c.

ENVELOP-
PES.

Toutes les ſemences n'ont pas d'*aril-lus*, mais elles ont une enveloppe ſeche qui en tient lieu, & ſes enveloppes ſont intérieurement tapiſſées d'autres membranes plus déliées. Les fonctions de toutes les peaux de la ſemence, ſont de recevoir les ſucs nourriſſiers, de les tranſmettre au dedans, de concentrer la chaleur, & de contribuer à leur fermentation.

La ſemence eſt appellée à *nud* [nudum] ou *couverte* [tectum]. La premiere eſt celle qui n'eſt enveloppée que de ſa tunique propre, (dans les *graminées*, les *labiées*) ; la ſeconde eſt renfermée dans un un péricarpe quelconque, *noyau*, *pomme*, *baie*, &c.

La semence est appellée *simple*, lorsqu'elle n'est ni *ailée*, ni *couronnée*, ni *aigrettée*.

La semence *simple* varie pour la forme ; elle est grande ou petite, ovale, ronde, en forme de cœur (*cordiforme*), en forme de rein (*réniforme*), à quatre ou cinq côtés (*tétragone*, *pentagone*), couverte de piquans (*échinée*), rude, velue, ridée, lisse ou luisante, &c. noire, blanche, brune, &c. (*p*).

La semence *ailée* est entourée d'une espèce d'aile [ala] ; (*quelques ombellifères*, l'*érable*, le *tulipier*).

La semence *couronnée* porte un rebord en maniere de *couronne* [semen coronatum] ; (*les anthemis*).

La semence *aigrettée* est surmontée d'une *aigrette* [pappus]. *Voy*. Pl. 2. Fig. 16. Lett. *c*, *la semence* ; *d b*, *l'aigrette*.

L'aigrette est *simple* ou *branchue*. La *simple* est composée de filets. Pl. *id*. Fig. *id*. Lett. *a*. La *branchue* est divisée en rameaux. *ibid*. Lett. *b*. On appelle ces rameaux *plumeux*, quand ils imitent une plume.

(*p*) Voy. ci-après les principes des sections de TOURNEFORT.

L'aigrette est *sur un pied*, ou n'en a point ; dans le dernier cas, on la nomme *sessile*, elle adhére à la semence ; l'aigrette *sur un pied* qu'on nomme *stipes*, est portée par un pédicule. Pl. *id*. Fig. *id*. Lett. *d*.

OBSERV. L'*aigrette* & les *ailes* des semences ne sont pas seulement destinées à leur servir d'ornement ; peut-être originairement sont-elles des organes utiles à leur économie. Leur usage le plus certain, est de faciliter la dispersion des semences qui, portées par les vents, vont reproduire au loin, de nouveaux individus de la même espèce.

ORGANISATION INTERNE.

2°. Si on enléve l'enveloppe ou les peaux qui recouvrent la semence, on distingue dans ses parties intérieures, les *lobes*, la *plantule*, la *radicule*.

Les *lobes* ou *cotylédons* [cotyledones] sont deux corps réunis: *Voy*. Pl. 2. Fig. 22. très-visibles dans la *féve* & dans toutes les semences des *légumineuses*, sur-tout lorsqu'elles ont resté quelque tems, dans la terre ou dans l'eau. Leur substance est farineuse, mucilagineuse, fermentescible. Leur composition résulte de l'épanouissement d'un grand nombre de vaisseaux ramifiés. *Voy*. Pl. 2. Fig. 24. Lett. *ccc*.

Les *lobes* sont appliqués l'un sur l'autre (Pl. 2. Fig. 23. Lett. *bb*, *les deux lobes*) convexes du côté extérieur, applatis du côté où ils se touchent, mais intérieurement un peu concaves vers le point par lequel ils se tiennent & se réunissent. Ce point de réunion est nommé [*corculum*]. Pl. 2. Fig. 22 & 23. Lett. *a*.

C'est le vrai germe uni aux lobes par deux troncs de vaisseaux en forme d'appendices; il doit produire la tige & la racine qui y existent déjà en très-petit, de sorte qu'on y distingue deux parties :

1°. Le rudiment de la tige ou la *plantule* [plantula, plumula]; elle est étendue dans la cavité des lobes, terminée par un petit rameau, & semblable à une *plume*, d'où on l'a nommé *plumule*. Pl. 2. Fig. 24. Lett. *b*.

2°. Le rudiment de la racine ou la *radicule* [radicula, rostellum]; sa forme est celle d'un petit bec, placé hors des lobes, adhérant intérieurement à la *plantule* : Pl. 2. Fig. 23 & 24. Lett. *a*.

Si on laisse quelque tems la semence dans la terre ou dans l'eau, les *lobes* pénétrés de parties aqueuses qui sont chargées des sucs nourriciers que la chaleur met en mouvement, s'enflent & grossissent; l'air (*q*) renfermé dans leur subs-

Germina-
tion.

(*q*) L'air & l'eau sont les agens de la germination. L'humidité seule fait germer plusieurs graines exposées

tance, en se dilatant, fait éclater l'enveloppe qui tient les deux lobes unis ; la radicule se montre ; on dit alors que la semence est *germée*. En même tems, les lobes sortent de terre en s'allongeant un peu, sous la forme de deux feuilles très-différentes de celles que la plante doit porter. On dit que la graine *léve. Voy.* Pl. 5. Fig. 2, Lett. *e e.*

En cet état, les lobes prennent le nom de *cotylédons* ou *feuilles séminales*, c'est-à-dire premieres feuilles produites par la semence. Ils travaillent à épurer la séve destinée à nourrir le *fœtus* de la plante. La *radicule* va bientôt chercher des sucs plus forts dans le sein de la terre ; la *plantule* commence à paroître : mais ses parties, augmentées en volume, sont encore roulées & repliées sur elles-mêmes, comme elles l'étoient dans la semence. Les *cotylédons*, toujours unis à la plantule par les

à l'air. On fait lever des graines dans l'eau, sans l'interméde de la terre ; mais l'eau, sans l'air, est insuffisante. M^r. HOMBERG a essayé de faire germer plusieurs graines, sous le récipient de la machine pneumatique ; quelques-unes n'ont pas levé ; toutes les productions ont été foibles. *Voy. Mém. de l'Acad. ann. 1693.* Ainsi, c'est par défaut d'air, que les graines trop profondément enterrées, réussissent mal, ou ne lévent pas. Mais selon l'observation de M^r. DUHAMEL, elles s'y conservent quelquefois très-long-tems ; ce qui fait paroître alors, sur les terreins nouvellement & profondément defoncés, plusieurs plantes qu'on n'y voyoit pas précédemment.

deux troncs de vaiſſeaux, l'accompagnent hors de terre, comme deux *mammelles* deſtinées à allaiter le jeune ſujet ; ſa force s'accroît, & le développement graduel continue, en raiſon de la chaleur & des ſucs qui l'opérent.

OBSERV. Les différentes eſpèces de graines ſont plus ou moins de tems à lever, ſelon le degré de chaleur qui convient à chacune d'elles. Le *millet* & pluſieurs *graminées* lévent en un jour ; quelques *cruciformes*, en trois ou quatre ; les *légumineuſes* ſont en général quelques jours de plus ; enſuite viennent les *labiées*, les *ombelliféres*, &c : il faut à la graine du *perſil* plus de quarante jours ; une année à celle de pluſieurs arbres ; & deux pour d'autres eſpèces, telles que le *roſier*.

Il eſt des graines, comme celles de la *fraxinelle*, qu'il faut ſemer dès qu'elles ſont mûres, ſinon elles ne germent pas.

D'autres & ſur-tout les *légumineuſes*, ſe peuvent garder pluſieurs années. Mr. ADANSON aſſure que la *ſenſitive* conſerve pendant quarante ans ſa vertu germinative.

Il eſt d'autres graines qu'on ne parvient jamais à faire lever, telles que celles des *plantes orchidées* & de quelques *liliacées*.

D iij

Remarquez íci que la *radicule* n'eſt pas viſible dans toutes les ſemences , comme dans la *féve* ; que quelques ſemences ſont intérieurement diviſées en plus de deux lobes (le *creſſon*) , que d'autres enfin ne ſont point diviſées (le *bled*) ; mais leurs fonctions ſont les mêmes.

Nª. Il ſuit de toutes les notions précédentes, que la ſemence ſeule mérite réellement le nom de *fruit* ; dans les corps charnus & oſſeux , le véritable *fruit* eſt le *pepin* ; l'enveloppe n'en porte qu'improprement le nom.

USAGE DES FLEURS ET DES FRUITS.

LA *plantule* & la *radicule* conſtituent eſſentiellement la *ſemence* ; les *lobes* leur ſervent de *berceau* ou d'*aliment*.

L'uſage de toutes les parties qu'on a diſtinguées dans les *fleurs* & dans les *fruits* , eſt d'opérer la fécondation & le développement de cette *ſemence* , corps organiſé , deſtiné à la réproduction & à la propagation de l'eſpéce.

Les *étamines* & les *piſtils* paroiſſent les agens immédiats de la *fécondation* (*r*) , & ſous ce point de vue les véritables parties de la *fructification* ; les autres ſont moins eſſentielles , puiſque dans quelques

____

(*r*) Voy. ci-après , les principes du ſyſtême ſexuel.

espèces de plantes, la fécondation s'opére sans leur secours, & qu'il est des fruits sans péricarpe, des fleurs sans calice, sans nectar & même sans pétales.

Le plus souvent cependant ces parties, dans les fleurs qui en sont pourvues, concourent au développement du sujet, en défendant les organes essentiels, des accidens extérieurs, ou bien en leur fournissant les sucs propres qui leur conviennent; c'est par là qu'ils ont mérité d'être mis au nombre des *parties de la fructification.*

PRINCIPES
DES MÉTHODES.

EN faisant connoître les *parties de la fructification*, nous avons déterminé les principes méchaniques des plantes, sur les rapports desquels, sont essentiellement établis, les classes, les ordres & les genres qui servent à diviser méthodiquement tous les végétaux.

Il suffit de se faire une idée précise des objets qui viennent d'être décrits, c'est-à-dire, de tout ce qui coopére à la *fructification* ou *génération végétative*, pour entendre, avec facilité, les méthodes Botaniques, principalement celles de M^{rs}. de TOURNEFORT & LINNÉ. L'une & l'autre sont fondées sur la considération du plus grand nombre de ces parties observées sous différens points de vue, & avec diverses restrictions. Une idée générale de leur plan découvrira les différences qui les distinguent.

PLAN DE LA MÉTHODE DE M^r. DE TOURNEFORT. M^r. DE TOURNEFORT éclairant de la lumiere de son génie, les observations de ses prédécesseurs, donna de nouvelles loix à la Botanique, rejetta les rapports incertains, & les rendit fixes en les tirant uniquement de la plûpart des parties ci-deſſus décrites. Il marqua des limites pré-ciſes entre les caractéres des *claſſes*, & ceux des *genres*.

CÆSALPIN, MORISON & RAI y avoient principalement employé la con-ſidération du *fruit*. TOURNEFORT jetta ſes premiers regards ſur la *corolle*, com-me plus apparente, & précédant le fruit dans l'ordre des choſes ; mais il s'attacha moins au nombre, qu'à la forme des *pé-tales*.

Il prend en général la *fleur*, pour dé-terminer la *claſſe*, le *fruit* pour ſubdiviſer les *claſſes* en *ſections*, toutes les *parties de la fructification*, pour établir les *gen-res* ; & lorſqu'elles ne ſuffiſent pas, d'au-tres parties de la plante, ou même leurs qualités particulieres. Il diſtingue enfin les *eſpéces*, par la conſidération de tout ce qui n'appartient pas à la fructification, *tiges*, *feuilles*, *racines*, *couleur*, *ſaveur*, *odeur*, &c.

La méthode du Chev. LINNÉ a été nommée *ſyſtême ſexuel*, parce qu'elle eſt fondée en général ſur la conſidération des parties *mâles* & *femelles* des plantes, c'eſt-à-dire ſur les *étamines* & ſur les *piſtils*.

Avant le Chev. LINNÉ, on avoit exa-

miné ces corps ; TOURNEFORT les a décrits , mais il les considéroit comme des
vaisseaux excrétoires , destinés à débar-
rasser les plantes de certains sucs superflus.

SEXE DES PLANTES. Plusieurs Botanistes avoient également distingué les plantes , en mâles &
femelles. PLINE parle du sexe des plantes ;
RAI & CAMÉRARIUS font mention de
leurs parties mâles & femelles (*a*) ; CÆ-
SALPIN de la poussiére fécondante des
étamines , dont GREW détermine encore
plus positivement l'usage : mais le Chev.
LINNÉ est le premier qui , les considérant
comme les parties essentielles de la réproduction , & dès-lors comme les plus constantes dans toutes les espèces , y ait cherché les caractéres génériques & classiques
d'une méthode. En cela , il est dans le cas
du célébre HARVEI qui obtint la gloire
de la découverte , en démontrant le premier la circulation du sang , soupçonnée
& reconnue long-tems avant lui.

NOCES. Sous le nouvel aspect où le Chev.
LINNÉ envisagea la Botanique , il l'enri-

(*a*) Les paysans distinguent eux-mêmes les sexes ,
dans certaines plantes , par exemple , dans le *chanvre* ,
l'*épinard* , le *houblon* , chez qui le *mâle* est séparé de
la *femelle* ; mais ils confondent assez constamment l'un
avec l'autre. Ils appellent *mâle* , le chanvre *femelle* , &
femelle , le chanvre *mâle*. On a vû , par ce qui a été
dit , que la plante *femelle* est nécessairement celle qui
porte le *fruit*.

chit d'un grand nombre de découvertes particuliéres , & des termes que lui fournit l'analogie. Dans l'acte de la *fructification* , il ne vit plus que celui de la *génération* ; elle devint les noces du régne végétal ; la *corolle* forme le *palais* où se célébrent les *noces* ; le *calice* est le *lit conjugal* ; les *pétales* sont les *nymphes* ; les *filets* des étamines sont les *vaisseaux spermatiques* ; leurs *sommets* ou *anthéres* sont les *testicules* ; la *poussiére des* sommets est la *liqueur séminale* ; le *stigmate* du pistil devient la *vulve* ; le *style* est le *vagin* ou la *trompe* ; le *germe* est l'ovaire ; le *péricarpe* est l'ovaire *fécondé* ; la *graine* est l'*œuf* ; & le concours des *mâles* & des *femelles* est nécessaire à la *fécondation* (*b*).

Cette théorie ingénieuse n'est point l'ouvrage de l'imagination : on l'a annoncé ci-dessus. La graine ou *semence* préexistante dans le germe , n'est développée que par la fécondation qui résulte du contact de la poussiére des étamines sur le stigmate, ou si elle se développe en partie sans son secours , elle reste inféconde , incapable de reproduire son espèce. Des faits singuliers établissent cette vérité.

(*b*) LINNÆI *Philos. Botan.* p. 92.

Si des insectes, une gelée subite, de longues pluies altérent le *stigmate* dans le tems de la floraison, la *semence* avorte, & selon l'expression des cultivateurs, le fruit *coule*. On parvient par la même raison, à rendre une fleur *stérile* en la châtrant ; coupez les *anthéres* ou *sommets* des étamines, avant que la poussiére fécondante s'en soit détachée, pour s'introduire par l'interméde du *stigmate*, jusqu'au *germe* : la *semence* sera inféconde malgré sa maturité, comme l'œuf d'une poule qui n'a pas éprouvé les approches du coq.

Si après avoir coupé les *anthéres*, on fait tomber sur le *stigmate*, la poussiére d'une fleur d'espèce différente, la *semence* qui en proviendra, produira une plante qui tiendra de l'espèce fécondante & de l'espèce fécondée : ce sera un *mulet* ; mais il faut qu'il se trouve entre elles, comme chez les animaux, une certaine analogie d'organisation.

L'expérience de la castration réussit principalement sur le *melon* ou sur toute autre plante qui, comme lui, porte des fleurs *mâles* séparées des *femelles*. On comprend qu'elle devient plus délicate sur les fleurs *hermaphrodites*, dont on risque d'altérer, par l'opération, les organes voisins (*c*) ; mais cette expérience est confirmée par la *stérilité* des plantes, dans qui le trop grand embonpoint, comme chez les animaux, ôte le pouvoir d'engendrer ; telles sont celles dont les étamines & quelquefois les pistils, par une surabondance de nourriture, dégénèrent en pétales, & forment des fleurs *doubles* ou *pleines* (*d*).

Voyons l'usage que le Chev. LINNÉ fait de ces observations, pour l'établissement de sa méthode. Les *étamines* ou parties *mâles* servent à la premiere division, c'est-à-dire à celle des *classes*. Les *pistils* ou parties *femelles* établissent la premiere subdivision : celles des *ordres* qui répondent aux *sections* de TOURNEFORT. La considération de toutes les *parties de la*

(*c*) Il importe d'observer aussi, pour la réussite de l'expérience, que la plante *châtrée* doit être tellement éloignée de toute autre plante d'espèce semblable, que le vent ne puisse apporter sur la premiere, la poussière fécondante de la seconde ; ce qui arrive à une grande distance.

Dans les jardins où l'on cultive plusieurs plantes du même genre, & d'espèces différentes, le mélange spontané de leurs poussières fécondantes, donne naissance à des plantes *bâtardes*, variétés si recherchées par les fleuristes. Le *chanvre* est mâle ou femelle sur deux pieds différens ; mais un seul pied de *chanvre* suffit à la fécondation d'un champ entier de femelles, en fût-il distant de quelques lieues.

(*d*) Voy. l'observation de la pag. 41.

génération, conftitue les *genres*; mais nulle autre ne peut y être employée. L'Auteur reftraint pareillement les caractéres des *efpèces*, aux parties de la plante vifibles & palpables, *tiges*, *feuilles*, *racines* &c, admettant néanmoins les *parties de la fructification* elles-mêmes, lorfqu'elles ne font pas néceffaires à la diftinction du *genre*.

Si l'on compare le plan général des deux méthodes ainfi rapprochées, on reconnoît dans le développement de leurs principes, quels ont été les progrès fucceffifs de la fcience. Examinons chaque méthode en particulier.

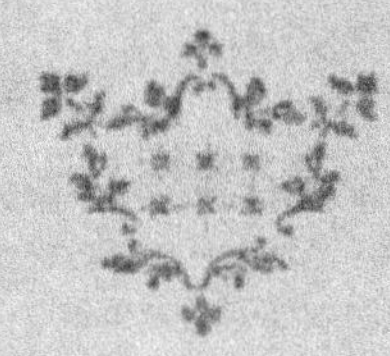

MÉTHODE
DE M. DE TOURNEFORT.

PRINCIPES FONDAMENTAUX.

L A méthode de M^r. de TOURNE-FORT, fondée sur la *fleur* & sur le *fruit*, indépendamment des notions générales qu'on a données, suppose encore quelques principes particuliers. Commençons par ceux qui constituent la division des classes.

1°. Les plantes sont naturellement divisées en *herbes* & en *arbres*.

Les *herbes*, parmi lesquelles M^r. de TOURNEFORT comprend aussi les *sous-arbrisseaux*, sont, comme on l'a dit, des plantes dont la tige a peu de consistance & périt ordinairement pendant l'hiver (*a*).

1°. DES HERBES.

2°. Les herbes sont *pétalées* [petalodes] ou *apétales* [apetalæ], c'est-à-dire, qu'elles ont des fleurs avec des *pétales* ou sans *pétales*.

PÉTALÉES

(*a*) Voy. ci-dessus leur distinction en *vivaces* & *annuelles*, pag. 8.

Les fleurs *pétalées*, nommées par RAI, *parfaites* [perfecti], sont celles qui outre les étamines & les pistils, ont une ou plusieurs feuilles nommées *pétales*, ordinairement colorées, qui tombent après la floraison. *Voy.* Pl. 1. *depuis la* Fig. 1. *jusqu'à la* Fig. 14. *inclusivement.*

3°. Elles sont *simples* ou *composées.* On appelle *simples*, les fleurs qui sont seules dans un calice : Pl. 1. Fig. 1, 2, 3. &c. *composées*, celles qui, étant rassemblées en grand nombre, dans une enveloppe commune, espèce de calice différent du calice propre, ont en même tems cinq étamines réunies par leurs *sommets* qui forment une gaîne traversée par le pistil. Pl. 1. Fig. 12, 13 & 14.

FLEURS
SIMPLES.

4°. *LES FLEURS SIMPLES* se subdivisent en fleurs d'une seule piéce, on les nomme *monopétales*, & en fleurs de plusieurs piéces qu'on appelle *polypétales.*

5°. Les fleurs *simples*, *monopétales* sont *réguliéres* ou *irréguliéres.*

MONOPÉ-
TALES RÉ-
GULIÈRES.

Les fleurs *simples monopétales*, *réguliéres*, sont celles dans qui toutes les parties de la corolle sont coupées uniformément & placées à égale distance d'un centre commun, de maniére qu'elles affectent une figure simétrique & réguliere dans leur contour, imitant une cloche ;

(*les*

les campaniformes : Pl. 1. Fig. 1 ; ou un entonnoir, les *infundibuliformes* : Pl. 1. Fig. 2.

Toutes deux varient dans leur forme. On y diftingue l'*entrée* : Pl 1. Fig. 1. Lett. *k* ; *le corps*, Lett. *m* ; *le fond*, Lett. *o*.

Les *campaniformes proprement dites*, font à peu près également évafées dans toutes leurs parties ; Les *campaniformes tubulées* ont le corps plus allongé & le fond plus étroit ; Les *évafées* ont le fond beaucoup plus étroit que l'entrée ; Celles qu'on nomme en *grelot*, ont l'entrée plus étroite que le corps & le fond.

Les *infundibuliformes proprement dites*, font coniques à leur extrémité fupérieure, tubulées à l'inférieure. Les *improprement dites*, appellées *hypocratériformes*, parcequ'elles imitent les *foucoupes* des anciens, font repliées, applaties à leur extrémité fupérieure, ou elles imitent une *molette*, une *rofette* &c : Pl. 1. Fig. 2. Lett. *a a a*.

Les *fleurs monopétales irréguliéres* ont une forme moins fimétrique dans leur enfemble ; elles fe divifent en *perfonnées* & en *labiées*.

Les *perfonnées*, appellées auffi *fleurs en mafque*, imitent un mufle à deux lévres ; (le *mufle de veau*) : *Voy*. Pl. 1. Fig. 3. Lett. *a*, *d* ; (l'*ariftoloche*) : Fig. *id*. Lett. *b*.

Part. I.   E

Leurs ſemences ſont renfermées dans une capſule.

Les *labiées* ou *fleurs en gueule*, Pl. 1. Fig. 4. ſont terminées inférieurement par un tuyau, Lett. *f.* ſupérieurement *par un muſle* à deux lévres, Lett. *a*, *e*. (la *queue de lion*, l'*ortie blanche*); quelquefois à une ſeule lévre inférieure, (la *germandrée*). Leurs ſemences mûriſſent à nud, dans l'intérieur du calice : Fig. *id.* Lett. *b.* le *calice.*

Nª. Le caractére diſtinctif des *perſonnées* & des *labiées*, ſe tire de la maniére dont leurs ſemences ſont renfermées.

POLYPÉ-
TALES.

6°. Les *fleurs polypétales* ſont auſſi ou *réguliéres* ou *irréguliéres*, ſelon la diſpoſition uniforme, ou non ſimétrique, des parties qui les compoſent.

RÉGULIÉ-
RES.

Les *fleurs polypétales réguliéres* ſont compoſées, ou de quatre *pétales* en forme de croix, à peu près égaux : on les nomme *cruciformes*, *Voy.* Pl. 1. Fig. 5. ou de pluſieurs *pétales* égaux, diſpoſés en roſe : les *roſacées*, Pl. 1. Fig. 6. ou de cinq *pétales* diſpoſés en roſe, mais ordinairement inégaux, imitant en quelque ſorte la *fleur de lys* des armes de France, & dont le calice devient un fruit compoſé de deux ſemences unies enſemble : les *ombelliféres*, quelquefois nommées *fleurdeliſées.* Pl. 1. Fig. 7, *une plante ombellifére*; Fig. *id.* Lett. *f*, *la fleur.*

Observ. Cette famille est particuliérement caractérisée par la disposition des tiges ou péduncules des fleurs, qui sortent d'un centre commun, en s'évasant comme les rayons d'un parasol qui forme supérieurement un hémisphere ou un plan, dans lequel l'on distingue le *disque* & la *circonférence*. Cette disposition a pris le nom d'*ombelle* : Pl. 1. Fig. 7. Lett. *a*, *le centre commun d'où partent les rayons.*

On appelle *ombelle générale* ou *universelle*, celle qui vient d'être décrite. Elle est simple lorsqu'elle n'est composée que d'un ordre de rayons. On nomme *ombelle partielle* ou *petite ombelle*, l'assemblage de plusieurs petits rayons qui partent de l'extrémité des rayons de l'*ombelle générale*, & qui sont disposés de la même maniere qu'eux : Fig. *id.* Lett. *cccc.*

Les *ombelliféres*, indépendamment du calice propre de chaque fleur [perianthium], ont encore une espèce de calice ou *enveloppe* [involucrum] qui se trouve à la base des rayons : Pl. *id.* Fig. *id.* Lett. *ddd.* On nomme *enveloppe générale* ou *universelle*, le calice commun, placé à la base des rayons de l'ombelle générale, & *enveloppe partielle*, celle qui se trouve au bas des petites *ombelles.* L'enveloppe *polyphille* est celle qui est divisée en plu-

fieurs parties ou petites feuilles ; l'enveloppe *monophille* , n'eſt point diviſée.

Parmi les autres fleurs *polypétales réguliéres* , les unes ſont compoſées de pluſieurs pétales, dont l'onglet eſt caché dans
un calice d'une ſeule piéce , ſur les bords
duquel les lames des pétales ſont diſpo-
ſées en *roue* , (l'*œillet* , les *caryophillées*) :
Pl. 1. Fig. 8 ; les autres de ſix pétales ,
quelquefois de trois , ou d'un ſeul diviſé
en ſix , dont la forme approche de celle
du *lys* , & dont le fruit eſt preſque toujours une capſule partagée en trois loges ;
(les *liliacées*). Pl. 1. Fig. 9.

IRRÉGU-
LIÈRES.   Les *fleurs polypétales irréguliéres* ſont
les *papilionacées* & les *anomales*. Les premieres , Pl. 1. Fig. 10 , ſont compoſées de
quatre ou cinq pétales , diſtingués par leur
poſition & par leur forme ; le ſupérieur
plié en *dos d'âne* , quelquefois relevé : il ſe
nomme l'*étendard* ou *pavillon* [vexillum] ,
Pl. 1. Fig. 10. Lett. *d* ; l'inférieur quelquefois diviſé en deux piéces qui chacune ,
ont leur attache , repréſente l'*avant* d'une
nacelle , & s'appelle *caréne* [carina] ,
ibid. Lett. *e.* les deux pétales latéraux ,
ſont nommés les *ailes* [alæ] , *ibid.* Lett. *f* ,
& portent ordinairement à leur naiſſance ,
deux appendices ou *oreillettes* : *ibid.*
Lett. *g.*

Le caractére de ces fleurs est d'avoir dix étamines, dont neuf sont réunies par leurs filets, en un tuyau au travers duquel s'éléve le *pistil* : Pl. *id.* Fig. *id.* Lett. *l, m, n.* Ces fleurs comprennent toutes les *légumineuses*, à qui Cordus donna le nom de *papilionacées*, à cause de leur ressemblance avec un *papillon*.

Enfin les *polypétales irréguliéres, anomales*, sont composées de plusieurs piéces irréguliéres & dissemblables, ordinairement accompagnées d'un *nectar* ; *Voy.* Pl. 1. Fig. 11. la *violette*, Lett. *b* ; *l'orchis*, Lett. *c* ; *l'aconit*, Lett. *a* ; & Pl. 2. Fig. 2 la *capucine* avec son *nectar*, Lett. *a.*

7°. *LES FLEURS COMPOSÉES* sont formées de la réunion de plusieurs petites fleurs, dans un calice commun, & se divisent en fleurs à fleurons, (les *flosculeuses*) ; en fleurs en *demi-fleurons*, (les *semi flosculeuses*) ; en fleurs composées de *fleurons* & de *demi-fleurons*, (les *radiées*).

OBSERV. Le véritable caractére de chacune des petites fleurs, dont l'aggrégation forme les fleurs *composées*, est d'avoir cinq étamines réunies par leurs *sommets* ou *anthéres*, de maniére qu'elles forment une gaine enfilée par le pistil qui s'éléve au dessus : *Voy.* Pl. 1. Fig. 13. Lett. *d.*

Nª. On ne comprend pas ici, parmi les fleurs *composées*, celles qui n'ont pas ce caractére, quoique ramassées en tête & dans un calice commun : telles que les *ombelliféres*, la *scabieuse*, la *statice*, &c.

Le *fleuron* ou *fleuron à tuyau* [corollula tubulata], est une petite fleur monopétale, en entonnoir, évasée & découpée par le limbe en plusieurs parties égales & recourbées (le *chardon*, les *cynarocéphales* ou plantes qui imitent l'*artichaux*) : *Voy*. Pl. 1. Fig. 12. Lett. *a a a : fleur à fleurons dans son calice ;* Lett. *b, un des fleurons hors du calice.*

Le *demi-fleuron* ou *fleuron à languette* [corollula ligulata], est une petite fleur monopétale, composée d'un tuyau étroit qui s'évase par le haut, en forme de languette découpée à son extrémité, (l'*hieracium*). Pl. 1. Fig. 13. Lett. *a a a, fleur à demi-fleuron.* Lett. *b, le demi fleuron.* Lett. *c, le tuyau.* Lett. *e, la languette.* Lett. *d, la gaîne formée par les anthéres.*

Lorsque les fleurons & les demi-fleurons sont réunis dans une même fleur, les fleurons occupent le centre de la fleur, qu'on nomme *disque* [discus] ; les *demi-fleurons* sont à la circonférence, qui s'appelle *rayon* [radius], ou *couronne* [corona]. La forme de ces fleurs les a fait

nommer *radiées* [radiati] (l'*aster*). *Voy.*
Pl. 1. Fig 14. Lett. *a*, *le disque*: Lett. *bbb*,
le rayon.

8°. *LES PLANTES APÉTALES*, nommées par TOURNEFORT, *fleurs à étami-*
nes, & par VAILLANT, *fleurs incom-*
plettes, n'ont que des *étamines* & des
pistils sans *pétales*. Quelques-unes de leurs
parties ressemblent à des *pétales*, mais
n'en sont pas, puisqu'elles subsistent après
la floraison, (la *bâle des graminées*) : Pl.
1. Fig. 15. Lett. *a a.*

Les plantes qui n'ont pas de fleurs,
selon TOURNEFORT, portent des graines
ordinairement disposées sur le dos des
feuilles, (les *fougéres*); quelquefois sur
un pédicule au haut des tiges, (l'*osmonde*
fleurie); quelquefois dans des *godets*,
(l'*hépatique de fontaine*). Elles sont réputées n'avoir point de fleurs.

Il résulte cependant des observations
modernes, que quelques *fougéres*, (le
palma-filix), ont des fleurs ou étamines, distinctes des *graines* ou *ovaires* ;
& peut-être ce qu'on appelle *graine*, dans
les *fougéres*, n'est-il point véritablement
graine, mais plutôt *étamine. Voy.* Pl. 1.
Fig. 16. *le polipode avec sa fructification*
disposée sur le dos des feuilles, en points
ronds & épars.

HERBES
APÉTALES.

E iv

Les plantes, dont on ne connoît ni la *fleur* ni le *fruit*, n'ont selon TOURNE-FORT, ni fleurs, ni fruits apparens, (les *mousses* : Pl. 1. Fig. 20 ; les *champignons* : Pl. 1. Fig. 17).

Il est bon d'observer cependant, que cet Auteur avoit soupçonné leur exis-tence par analogie (*b*) ; & de nos jours, on a reconnu dans un grand nombre d'es-pèces, des fleurs mâles composées d'*éta-mines*, quelquefois sans *pédicule* (dans le *lycopodium*), quelquefois portées sur un long pédicule (les *brium*). Le sommet de ces étamines, qui s'ouvre en deux valves, est souvent recouvert d'une petite enveloppe qu'on a désignée en parlant des *calices*, sous le nom de *coëffe* [calyp-tra] : *Voy.* Pl. 1. Fig. 20. Lett. *a a a.* On a aussi découvert, dans quelques mousses, des fleurs femelles, (le *lycopodium*) ; mais en général, on ne sauroit distinguer le pistil, des graines.

2°. DES ARBRES. LES ARBRES, parmi lesquels l'Auteur comprend les *arbrisseaux* ou petits arbres, sont des plantes vivaces, dont les tiges ligneuses persistent pendant l'hiver (*c*).

Les fleurs des *arbres*, ainsi que celles des *herbes*, sont *pétalées* ou *apétales*.

(b) *Omnes probabiliter semina obtinent.* ISACOGE in *R. H.* pag. 55.
(c) Voy. ci-dessus, *pag.* 8.

Les pétalées sont également *monopé-*
tales ou *polypétales* ; les *monopétales* sont
réguliéres ; parmi les *polypétales*, il y en
a de *réguliéres*, de *rosacées*, & d'*irrégu-*
liéres papilionacées.

Les arbres *apétales* ont des *fleurs à éta-*
mines, ou des *fleurs amentacées*. Leurs
fleurs à étamines se rapportent à celles
des *herbes*. Les *amentacées*, autrement
appellées fleurs à *chaton*, sont des fleurs
attachées, plusieurs ensemble, autour
d'un filet commun, décrit ci-dessus parmi
les espèces de calice (*d*), sous le nom de
chaton [julus, amentum] : *Voy*. Pl. 1.
Fig. 18 & 19. Ordinairement toutes ces
fleurs sont *mâles* ; il s'en trouve cependant d'*hermaphrodites* qui portent des
fruits, (le *saule*).

(*d*) Voy. ci-dessus, pag. 33.

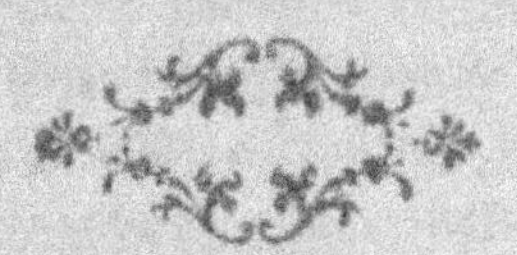

MÉTHODE.

LES observations précédentes servent de fondement à la méthode de TOURNE-FORT, & déterminent vingt-deux classes qui comprennent toutes les plantes connues par cet Auteur.

De la premiere distinction des plantes en *herbes* & en *arbres*, il est résulté dix-sept classes pour les *herbes & sousarbrisseaux*, & cinq pour les *arbres & arbustes*.

DISTINCTION DES CLASSES. La distinction particuliére de chaque classe, est tirée de la *corolle*, en considérant, 1°. sa *présence* ou son *absence* ; 2°. sa *disposition simple* ou *composée* ; 3°. le *nombre* des pétales, qui la constitue *monopétale* ou *polypétale* ; 4°. la *figure* des pétales, qui est *réguliére* ou *irréguliére*.

Les *monopétales réguliéres* forment les deux premieres classes ; les *irréguliéres* la troisieme & la quatrieme.

Les *polypétales réguliéres* fournissent les cinq, six, sept, huit & neuvieme classes ; les *irréguliéres* la dixieme & onzieme.

Les *composées* donnent la douzieme, la treizieme & la quatorzieme classe.

Les *apétales* la quinzieme, la seizieme & la dix-septieme.

Les classes des *arbres* & *arbustes*, sont divisées sur les mêmes principes, mais dans un ordre inverse à celui des *herbes*.

Les fleurs *apétales* forment la dix-huitieme classe ; les *apétales amentacées*, la dix-neuvieme ; les *monopétales*, la vingtieme ; les *polypétales* réguliéres, *rosacées*, la vingt-unieme ; les *polypétales* irrégulieres, *papilionacées*, la vingt-deuxieme.

C L A S S E S.

HERBES OU SOUSARBRISSEAUX.

PÉTALÉES SIMPLES.

CLASSE I. Les *campaniformes* ; herbes à fleurs simples, composées d'un seul pétale régulier, en forme de *cloche*, de *bassin* ou de *grelot* ; (*mandragore*, *cucurbitacées*, *mauves*, &c). *Voy*. P. 1. Fig. 1. *fleurs en cloche.*

MONOPÉTALES RÉGULIÉRES.

CL. II. Les *infundibuliformes* ; herbes à fleurs simples, monopétales, réguliéres, ressemblant à un *entonnoir*, une *soucoupe* ou un *godet* ; (*jusquiame*, *bourrache*, *morelle*). *Voy*. Pl. 1. Fig. 2. *fleur en entonnoir.*

CL. III. Les *personnées* ; fleurs simples, monopétales, anomales ou irréguliéres, imitant un *masque*, ou *musle* à deux lé-

MONOPÉTALES IRRÉGULIÉRES.

vres. Leurs semences sont renfermées dans une capsule ; (*aristoloche*, *musle*). *Voy.* Pl. 1. Fig. 3. Lett. *b* & *a*.

CL. IV. Les *labiées* ou *fleurs en gueules* ; simples, monopétales, irréguliéres, composées d'un tuyau terminé, par le haut, en un *musle* à deux lévres ; la lévre *supérieure* en forme de *faucille* ou de *casque*, (l'*ormin*) ; de *cuilleron*, (la *moldavique*) ; quelquefois retroussée, (le *marrube*) ; ou le musle n'a qu'une lévre, (la *germandrée*). Leurs semences sont contenues simplement par le calice. *Voy.* Pl. 1. Fig. 4. (la *queue de lion*, le *lamium*). Lett. *a*, *e*, *les deux lévres.*

POLYPÉ-
TALES RÉ-
GULIÈRES. CL. V. Les *cruciformes* ; fleurs simples, polypétales, réguliéres, composées de quatre pétales disposés en croix, (*chou*, *moutarde*): *Voy.* Pl. 1. Fig. 5.

CL. VI. Les *rosacées* ; fleurs simples, polypétales, réguliéres, composées d'un nombre indéterminé de pétales disposés en rose, (l'*amaranthe*, le *pavot*). *Voy.* Pl. 1. Fig. 6. (*la benoîte*).

CL. VII. Les *ombelliféres* ou fleurs en *parasol* ; simples, polypétales, réguliéres, composées de cinq pétales disposés en rose, mais distingués des *rosacées*, par leurs pétales souvent inégaux , par leur fruit composé de deux semences réunies, & surtout , par la disposition des pédun-cules qui partent d'un centre commun , en s'évasant comme les rayons d'un parasol (*a*). *Voy.* Pl. 1. Fig. 7.

Cl. VIII. Les *caryophillées* ou *fleurs en œillet* ; polypétales , réguliéres , dont l'*onglet* est attaché au fond d'un calice formé d'une seule piéce cylindrique , & sur les bords duquel les *lames* des pétales s'évasent & se disposent en roue ; (l'*œillet*, le *lychnis*) : Pl. 1. Fig. 8. Lett. *e e* , l'*on-glet* : Lett. *ff* , *la lame.*

Cl. IX. Les *liliacées* ou *fleurs en lys* ; polypétales , réguliéres , composées ordi-nairement de six pétales , quelquefois ce-pendant de trois , ou même d'un seul divisé en six portions par les bords ; elles imitent le *lys.* Leurs semences sont tou-jours renfermées dans une capsule à trois loges ; (le *lys* , l'*asphodèle*). Pl. 1. Fig. 9.

Cl. X. Les *papilionacées* ou *fleurs lé-gumineuses* ; polypétales , irréguliéres , composées de quatre ou cinq pétales qui sortent du fond du calice ; le supérieur nommé le *pavillon* ou l'*étendard* ; l'infé-

Polypé-
tales ir-
réguliè-
res.

(a) *Voy. les principes ci-dessus* , pag. 66 & 67.

rieur la *caréne*, quelquefois divifée en deux ; les latéraux, les *ailes*, qui portent fouvent deux oreillettes vers leur naiſſance (*b*) ; (*régliſſe*, *pois*, *lotier*). *Voy*. Pl. 1. Fig. 10.

Cl. XI. Les *anomales* ou *polypétales proprement dites* ; polypétales, irréguliéres, d'une forme biſarre ; (*aconit*, *violette*, *orchis*). *Voy*. Pl. 1. Fig. 11. Lett. *a*, *b*, *c*.

PÉTALÉES COMPOSÉES Cl. XII. Les *flofculeuſes* ou *fleurs à fleurons* ; compoſées de l'aggrégation de pluſieurs petites corolles monopétales, réguliéres, en entonnoir, découpées par leurs *limbes*, en pluſieurs parties recourbées, raſſemblées & réunies dans un calice commun : ce ſont ces petites corolles qu'on nomme *fleurons*, ou *fleurons à tuyau*. Elles ont cinq étamines réunies par leurs *fommets*, en un tube, au travers duquel s'éleve le piſtil ; (*centaurée*, *chardon*). Pl. 1. Fig. 12. Lett *a*, *la fleur compoſée* ; Lett. *b*, *le fleuron*.

Cl. XIII. Les *femiflofculeuſes* ou *fleurs à demi-fleurons* ; compoſées de l'aggrégation de pluſieurs petites corolles monopétales, dont la partie inférieure eſt

(*b*) Voy. *les principes ci-deſſus*, pag. 68 & 69.

un tuyau étroit, & la supérieure une petite langue, ou *languette*, dentelée à son extrémité, ramassées & réunies dans un calice commun, qui se renverse souvent en mûrissant ; ces corolles sont nommées *demi-fleurons* ou *fleurons à languette*. Leurs étamines sont réunies, par les sommets, comme dans les précédents ; (le *pissen-lit*, le *laitron*). Pl. 1. Fig. 13. Lett. *a*, *la fleur composée* : Lett. *b*, *le demi-fleuron*.

Cl. XIV. Les *radiées* ou *fleurs en soleil* ; composées de l'aggrégation de plusieurs *fleurons* & *demi-fleurons*, disposés de maniere que les *fleurons* occupent le centre qu'on nomme le *disque* de la fleur, & les *demi-fleurons* la circonférence qu'on appelle sa *couronne* ; (l'*aster*, le *soleil*). Pl. 1. Fig. 14. Lett. *a*, *le disque* : Lett. *b*, *la circonférence*.

Cl. XV. Les *apétales* ou *fleurs à éta-* APÉTALES: *mines* ; sans pétales, mais avec des étamines très apparentes. Dans quelques-unes, certaines parties ressemblent à des pétales & n'en sont pas, puisqu'elles subsistent après la *floraison*, c'est-à-dire quand le fruit est formé ; (le *cabaret*, l'*oseille*, les *plantes graminées*). Pl. 1. Fig. 15. Lett. *c c*, *fleurs à étamine* : Lett. *c c*, *épi qui en est composé*.

CL. XVI. Les *apétales sans fleurs* ; plantes qui n'ont point de fleurs apparentes, & feulement des efpèces de graines, ordinairement difpofées fur le dos des feuilles, (les *fougéres*) ; quelquefois fur un péduncule, (l'*ofmonde*, l'*ophioglofe*) ; quelquefois dans des godets, (l'*hépatique de fontaine*). *Voy.* Pl. 1. Fig. 16. *le* polipode. Lett. *aaa*, *fa fructification difpofée fur le dos des feuilles.*

CL. XVII. *Apétales*, *fans fleurs ni graines* ; plantes qui n'ont ni fleurs ni fruits apparens (*c*) ; (*mouffes*, *champignons*, *trufes*). Pl. 1. Fig. 20. & Fig. 17.

ARBRES ET ARBUSTES.

ARBRES APÉTALES.

CL. XVIII. *Arbres ou arbuftes à fleurs apétales ou à étamines* (*d*). Les fleurs à étamines des arbres font, ou attachées aux fruits, (le *frêne*) ; ou féparées des fruits fur le même pied, (le *buis*) ; ou fur des pieds différens, (le *lentifque*).

AMENTACÉS.

CL. XIX. *Arbres ou arbuftes à fleurs apétales*, *amentacées* ou à *chaton* ; attachées plufieurs enfemble, fur une queue nommée *chaton* ; féparées des fruits ; ou

(*c*) Voyez ci-deffus *principes*, pag. 72.
(*d*) Voy. ci-deffus la *Claffe* 15.

SECTIONS.

ON a dit que les Classes se subdivisent en *sections*, qui sont des espèces de *classes subalternes* (a). Cette division, en réunissant plusieurs *genres*, sous la considération d'un caractére quelconque, donne plus de clarté à la méthode, & plus de facilité à la distinction des genres entre eux.

PRINCIPES

sur lesquels sont établies les Sections.

M^r. DE TOURNEFORT après avoir tiré de la corolle, les distinctions générales des classes, a établi celles des *sections*, principalement sur le *fruit*.

On doit se rappeller les notions ci-devant données, sur cette partie essentielle de la *fructification*, sur le *fruit* en général, & en particulier, sur les diverses espèces de *péricarpes* & de *semences* ; pour se faire une juste idée de la détermination des sections, il convient d'y ajouter ici, quelques observations particuliéres.

1°. *SUR L'ORIGINE DU FRUIT.*

Quelquefois le pistil devient le fruit, (les *cruciformes*) ; quelquefois c'est le calice, (les *ombelliféres*).

RÈGLE DES SECTIONS.

(a) Voyez ci-dessus, *divisions des méthodes.* pag. 14.

2°. SUR LA SITUATION DU FRUIT ET DE LA FLEUR (b).

Dans les fleurs, dont le piftil devient le fruit, la fleur & le fruit portent fur le réceptacle, (la *nicotiane*) ; dans celles au contraire, dont le *calice* devient le fruit, le *réceptacle* de la fleur eft fur le fruit, & l'*extrémité du péduncule* auquel le fruit eft attaché, devient fon *réceptacle*, (la *garence*).

3°. SUR LA SUBSTANCE, LA CONSISTANCE ET LA GROSSEUR DU FRUIT.

Il eft des fruits mous, (le *fceau de falomon*) ; il en eft de fecs, (la *gentiane*) ; d'autres font charnus, (la *pomme de merveille*) ; d'autres pulpeux, renfermant des fubftances offeufes, (le *prunier*).

Les uns font gros, (le *melon*) ; les autres petits, (la *morelle*).

4°. SUR LE NOMBRE DES CAVITÉS.

On a diftingué précédemment les capfules *uniloculaires*, (la *primevere*) ; les *multicapfulaires*, (le *nymphæa*) ; les fruits *bicapfulaires*, (l'*afclepias*) ; *tricapfulaires*, (le *pied d'alouette*) (c).

______

(*b*) On ne donne ici, fur cet objet, que ce qui eft néceffaire pour faire entendre la méthode de TOURNEFORT. Tout ce qui concerne la difpofition des fleurs, des fruits, des feuilles, &c. fera expliqué dans la fuite, plus en détail, pour fixer les caractéres fpécifiques. Voy. *Organifation extérieure : difpofition des fleurs & des fruits.*

(*c*) Voy. ci-deffus *péricarpe*, *capfule*. p. 43. & fuiv.

5°. *Sur le nombre, la forme, la disposition et l'usage des semences.*

Le nombre des semences varie dans les fruits ; il en est qui n'en ont qu'une, (la *statice*) ; d'autres deux, (les *ombellifères*) ; d'autres quatre, (les *labiées*).

Quant à la forme, on en trouve de rondes, d'ovales, de plattes, en forme de rein, lisses, raboteuses, ridées, anguleuses, &c.

Les unes sont *aigrettées*, c'est - à - dire ornées d'une aigrette, (la *conise*) ; les autres sans aigrettes, (la *chicorée*) ; d'autres ont un chapiteau de feuilles, (le *soleil*) ; d'autres enfin, sont disposées en *épis*, & quelques - unes sont propres à faire du pain (*d*).

6°. *Sur la disposition des fruits et des fleurs.*

Les fruits sont quelquefois séparés des fleurs, sur un même pied, c'est-à-dire sur une même plante, (le *noyer*) ; quelquefois les fleurs & les fruits sont placés sur des pieds différens, (le *saule*, le *chanvre*).

7°. *Sur la figure et la disposition de la corolle.*

Lorsque les figues précédens, tirés des fruits, ne paroissent pas suffire à distinguer

(*d*) Voy. ci-dessus *semences* pag. 48. & suiv.

les sections, l'Auteur y emploie la figure de la corolle considérée par des caractéres différens de ceux qui lui ont servi à distinguer les classes.

Parmi les fleurs *infundibuliformes*, CL. 11 ; les unes sont en forme de *rosette*, (le *ménianthe*) ; les autres en forme de *soucoupe*, (l'*androsace*) ; en forme de *roue*, (la *corneille*).

Parmi les *monopétales irréguliéres* CL. 111, les unes ont un *capuchon*, (le *pied de veau*) ; les autres se terminent en langue, (l'*aristoloche*) ; d'autres en anneau, (l'*acanthe*).

Parmi les *labiées*, CL. 1V, quelquefois la lévre supérieure ressemble à un casque, à une faux, (l'*ormin*) ; quelquefois elle est creusée en cuiller, (la *menthe*) ; quelquefois elle est droite, (la *mélisse*) ; quelquefois il n'y en a qu'une, (le *teucrium*).

Parmi les *composées*, CL. XII, les fleurons sont réguliers, (le *chardon*) ; ou irréguliers, (la *scabieuse*) ; ramassés en bouquet, (la *grande centaurée*) ; en boule, (l'*échinops*).

8°. *SUR LA DISPOSITION DES FEUILLES.*

L'Auteur ne considére ici les feuilles, que dans les herbes & dans les arbres *papilionacés*, Cl. X & Cl. XXII. Il en est qui ont trois folioles fur une *queue*, (le *tréfle* ou *triolet*) ; d'autres ont leurs folioles oppofées fur une côte commune, (le *bagnaudier*) ; d'autres les ont alternatives ou *verticillées*, c'eft-à-dire rangées circulairement autour de leur tige, (le *genêt*).

Ces huit obfervations, ajoutées aux principes généraux établis fur le *fruit*, ont fourni à l'Auteur, cent vingt-deux divifions, qui fubdivifent fes vingt-deux'claffes; mais les mêmes obfervations font fouvent admifes à la divifion de plufieurs claffes.

E X E M P L E.

La premiere Claffe, (les *campaniformes*), eft fubdivifée en neuf Sections. Sections de la Cl. 1.

Six, dans lefquelles le piftil fe change en fruit.

LA PREMIERE comprend les plantes *campaniformes*, dont le piftil devient un fruit *mou & affez gros*, (la *mandragore*).

LA SECONDE, celles dont le *piftil* devient un fruit *mou & affez petit*, (le *muguet*).

LA TROISIEME, celles dont le piftil fe change en un fruit *fec à plufieurs loges*, (la *falfe-pareille*).

LA QUATRIEME, celles dont le piftil

se change en un fruit *qui ne porte qu'une semence*, (la *rhubarbe*).

LA CINQUIEME, celles dont le pistil devient un fruit *en gaine*, (le *domte-venin*).

LA SIXIEME, celles dont le pistil devient un fruit *sec composé de plusieurs loges*, (la *mauve*).

Trois, dans lesquelles le calice devient le fruit.

LA SEPTIEME, celles dont le calice devient un fruit *charnu*, (les *cucurbitacées*).

LA HUITIEME, celles dont le calice devient un fruit *sec*, (la *campanule*).

LA NEUVIEME, celles dont le calice devient un fruit *à deux piéces adhérentes par leur base*, (le *caille-lait*).

La classe deuxieme, (les *infundibuliformes*), se divise en huit sections ; les premieres, comme dans la classe précédente, se distinguent par le pistil qui se change en fruit, de la derniere où le fruit est formé par le calice. Elles sont chacunes caractérisées, ou par le nombre des semences, ou par la substance du fruit, ou par la forme de la corolle, &c.

C'en est assez pour faire connoître la maniere dont TOURNEFORT emploie ses principes, à l'établissement des sections.

On les trouvera énoncées, chacune en particulier, dans le cours des démonstrations, avec le caractére précis qui les distingue, & qui rapproche les genres compris dans chaque section.

GENRES.

LES SECTIONS sont composées de la réunion de plusieurs *genres*.

LE GENRE est lui-même l'assemblage de plusieurs *espèces*, c'est-à-dire de plusieurs plantes qui ont des rapports communs, dans leurs parties les plus essentielles. On peut donc comparer le *genre*, à une famille dont tous les parens portent le même nom, quoiqu'ils soient distingués, chacun en particulier, par un nom spécifique.

Ainsi l'établissement des genres simplifie la Botanique, en restreignant le nombre des noms, & en rangeant sous une seule dénomination, qu'on nomme *générique*, plusieurs plantes qui, quoique différentes, ont entre elles, des rapports constans dans leurs parties essentielles ; on les appelle *plantes congénéres*.

TOURNEFORT, comme on l'a vu, a travaillé l'un des premiers, à la véritable distinction des genres, qu'on a perfectionnée dans la suite.

Après avoir déterminé celles des classes & des sections, par une des *parties* de la *fructification*, il établit pour principe que la comparaison & la structure particuliére de toutes ces mêmes parties, doivent constituer les genres ; mais il ajoute que lorsque cette considération paroît insuffisante, on peut y employer aussi celle des autres parties des plantes.

Les régles établies à ce sujet, par le Restaurateur de la Botanique, se réduisent à cinq principales.

1°. Lorsque les plantes ont des fleurs & des fruits, on doit toujours les considérer pour la distinction des genres, & se borner à ces signes, s'ils sont suffisans.

2°. Si ces signes sont insuffisans, on aura recours aux autres parties moins essentielles, telles que les racines, les tiges, l'écorce, le nombre des feuilles ; aux qualités des plantes, comme leur couleur, leur goût ; à leur port en général (*a*).

3°. A l'égard des plantes, dans lesquelles les fleurs & les fruits manquent, ou sont invisibles sans le secours de la

(*a*) Cette restriction au principe général, en donnant plus de facilité dans l'établissement des genres, n'a-t-elle pas exposé l'Auteur aux reproches que lui ont fait les modernes d'avoir fixé des caractéres génériques qui ne paroissent, ni assez rigoureux, ni assez essentiels, ni assez naturels ? mais cette discussion n'entre point dans notre objet.

loupe, le genre doit être assigné sur ceux de ces derniers caractéres, qui sont les plus remarquables.

4°. Il importe de rejetter de la distinction des genres, tous les signes superflus ; & avant d'admettre un caractére, d'observer si le genre changeroit dans le cas où ce caractére viendroit à manquer.

5°. Il faut enfin considérer l'habitude générale des plantes, plus que les variétés particuliéres qu'une observation minutieuse y découvre. Ainsi quoique le grand *tréfle* des prés & quelques fleurs du même genre, portent une corolle réellement *monopétale*, on ne doit pas les séparer des autres espèces qui sont *polypétales*, comme toutes les *papilionacées* ; les autres caractéres doivent décider.

Ces régles, mieux développées dans la préface des *élémens de Botanique*, ont conduit l'Auteur, à distinguer deux sortes de *genres*, les uns qu'il appelle genres du *premier ordre*, les autres du *second ordre*.

Les *genres du premier ordre* sont ceux que la nature paroît, elle-même, avoir institués & distingués déterminément par les fleurs & par les fruits ; telles sont les *violettes*, les *renoncules*, les *roses*, &c. Ce sont les seuls qu'admette le Chev. LINNÉ.

DISTINCTION DES GENRES.

Les *genres du second ordre* sont ceux pour la distinction desquels, il faut recourir à des parties différentes des fleurs & des fruits.

Ainsi, selon l'Auteur, la *germandrée* forme un genre différent du *polium*, du *teucrium* & de l'*ivette*, en considérant son calice tubulé, & la disposition de ses fleurs dans les aisselles des feuilles. Il distingue le *polium* du *teucrium*, de l'*ivette* & de la *germandrée*, par ses fleurs ramassées en bouquet ; le *teucrium* des trois autres, par son calice campanulé, & l'*ivette*, par la disposition des feuilles, qui ne sont pas verticillées, & qui naissent séparées sous les ailes des feuilles.

C'est sur ces principes, qu'il caractérisa les genres de toutes les plantes qui lui furent connues, & qu'après lui, les Botanistes sectateurs de sa méthode, y introduisirent les genres nouvellement découverts, ou réformèrent ceux qu'il avoit lui-même invité de perfectionner par de nouvelles observations.

NOMBRE des Genres. Il décrivit dans ses *élémens de Botanique*, près de 700 genres, dont il fit graver les caractéres déterminés, avec une précision & une vérité inconnues jusqu'à lui.

EXEMPLES. Bornons-nous à un exemple de chacun des genres.

GENRE DU PREMIER ORDRE.

L'ACONIT.

Cl. XI. *Fleur anomale, polypétale.*
Sect. II. *Dont le piftil devient un fruit multicapfulaire.*

Genre de plante à fleur compofée de cinq pétales de différentes formes, dont l'enfemble repréfente, en quelque forte, une tête avec un *cafque* ou un *capuchon*; le pétale fupérieur forme le *cafque* ou *capuchon*; les deux inférieurs, la partie du cafque qui couvre la mâchoire inférieure; & les latéraux, les tempes.

Du milieu de la fleur, s'élevent deux ftyles en forme de pieds (*les nectars*), renfermés dans le pétale fupérieur, ainfi que le piftil qui devient un fruit formé de gaînes membraneufes, raffemblées en chapiteau, & remplies de femences ridées, ordinairement à quatre angles.

GENRE DU SECOND ORDRE.

LA TULIPE.

Cl. IX. *Liliacée.*
Sect. IV. *Fleur à fix pétales, dont le piftil devient le fruit.*

Genre de plante à fleur compofée de fix pétales, reffemblant en quelque forte à un petit vafe.

Le piſtil , qui occupe le milieu des pétales , devient un fruit oblong , s'ouvrant
en trois parties , intérieurement diviſé
en trois loges qui ſont remplies de ſemences plattes , rangées en deux rangs qui ſe
touchent.

N^a. Ces caractéres appartiennent *au
genre du premier ordre ;* mais ne paroiſſant
pas ſuffiſans à l'Auteur , pour diſtinguer
aſſez la fleur de la *tulipe* , de celle de la
couronne impériale , de la *fritillaire* & des
autres qui lui reſſemblent , il a cru devoir
indiquer un autre caractére qui appartient
au genre du ſecond ordre.

» Ajoutez , dit-il , à ces caractéres , la
» racine bulbeuſe , formée de pluſieurs
» tuniques ou *couches* , qu'on nomme
» *oignon.*

La briéveté qu'on a voulu introduire
dans les démonſtrations , la découverte
de pluſieurs caractéres dûs aux modernes ,
ont obligé de s'écarter ſouvent de cette
maniere de décrire les genres ; mais la
Botanique lui doit , peut-être , tous ſes
progrès.

USAGE DE LA MÉTHODE
DE TOURNEFORT.

APRÈS avoir développé la théorie de cette méthode, & les principes sur lesquels sont établis ses *classes*, ses *sections* & ses *genres*, il reste à montrer l'usage qu'on en fait dans la pratique, & comment, ainsi qu'on l'a annoncé, elle devient une espèce de *Dictionnaire*, qui conduit degré par degré, à la plante qu'on veut connoître.

Il se présente à moi, une plante que je n'ai jamais vue, par exemple, la *queue de lion*; pour la reconnoître, je dois chercher à déterminer son *genre*, & pour cela je dois commencer par découvrir la *classe* & la *section* dans lesquelles elle est comprise.

J'ai soin de cueillir un brin où se trouvent les *parties de la fructification* bien distinctes, c'est-à-dire, la *fleur* & le *fruit* : je suppose la plante du nombre de celles qui en portent (*a*).

TROUVER LA CLASSE.

(*a*) Si la plante qu'on veut reconnoître, n'a ni fleurs ni fruits apparens, après s'en être assuré en examinant plusieurs pieds, on parvient, à l'aide des principes qu'on a établis sur ces sortes de plantes, à les déterminer par une marche semblable à celle qu'on va tracer.

Je confidére d'abord, la confiftance de la tige & des racines, fa hauteur & les autres fignes qui peuvent m'apprendre que la plante eft *herbe* ou *arbre*; j'y reconnois les caractéres qui défignent les herbes, & je vois qu'elle n'eft point comprife dans les cinq dernieres claffes : il en refte dix-fept fur lefquelles je dois me déterminer.

Je jette mes regards fur les parties de la fructification, je reconnois que la fleur a des pétales, je conclus que la plante n'eft ni de la dix-feptieme, ni de la feizieme, ni de la quinzieme, qui ne renferment que des *apétales*.

Il en refte quatorze ; j'examine fi la fleur pétalée eft *fimple* ou *compofée* ; je n'y trouve ni *fleurons*, ni *demi-fleurons* raffemblés dans un calice ; je dis qu'elle n'appartient ni à la quatorzieme, ni à la treizieme, ni à la douzieme claffe : je n'en ai plus que onze à diftinguer.

Je paffe à un examen particulier de la corolle. Je la diffëque, je l'obferve jufqu'à fa bafe ; je découvre fi elle a plufieurs pétales, ou fi le pétale feulement divifé par fes bords, fe termine inférieurement par un *tuyau* ; je lui reconnois ce dernier caractére : donc la plante eft *monopétale*, donc elle n'eft placée, ni

dans

dans la onzieme, ni dans la dixieme, neuvieme, huitieme, septieme, sixieme, cinquieme classes, qui comprennent les polypétales.

Je ne reste indécis que sur quatre ; mais la corolle ne me paroît, ni en forme de *cloche*, ni en forme d'*entonnoir* ; ses parties ne sont pas simétriquement arrangées, à égale distance du centre ; elle est donc irréguliére, & n'entre pas dans les deux premieres classes ; elle appartient donc à l'une des deux qui suivent. Ressemble-t-elle à un *masque* ou à un *musle* à deux lévres ? sa forme me décide ; & les graines n'étant point renfermées dans une capsule, achévent de me persuader que la plante que je cherche à reconnoître, est *labiée* & de la quatrieme classe.

Mais cette classe en renferme un grand LA SEC-TION. nombre ; pour la réduire il faut déterminer la *section*. Le caractére de la section se tire, en général, de la considération du fruit ; je sçais néanmoins que plusieurs classes ont été subdivisées par d'autres signes, lorsque cette partie de la fructification n'en a pas fourni d'assez distincts ; je me rappelle que la classe des *labiées* est de ce nombre, & qu'elle se divise en sections, selon la figure des corolles, &

principalement des lévres qui les carac-
térifent. Si leurs diverfes figures ne font
pas affez préfentes à mon efprit , j'ai
recours aux defcriptions qu'en donne la
méthode ; je reconnois que la corolle de
ma plante a deux lévres ; elle n'eft donc
pas dans la derniere fection. La lévre fupérieure n'eft pas en forme de *cafque* ou
de *faucille* ; elle n'eft donc pas non plus
dans la premiere ; ni dans la troifieme ,
puifque la lévre fupérieure n'eft pas re-
trouffée ; cette lévre fupérieure , creufée
en maniere de *cuiller*, me fixe bientôt à
la deuxieme fection.

LE GENRE.   Il refte à découvrir quel eft fon *genre* ;
mais de fix cens quatre-vingt-dix-huit
genres contenus dans la méthode générale , je n'ai plus à examiner que les douze
qui compofent la fection 11 de la Claffe IV.

J'ai préfens à mon efprit les caractéres
qui conftituent les genres des plantes dont
les fleurs font vifibles ; ils font tirés, en
général, de la comparaifon & de la ftruc-
ture particuliére des diverfes parties des
fleurs & des fruits ; je les examine de nouveau ; je fais l'anatomie de toutes les piéces
qui les compofent ; je compare ce que je
vois , aux defcriptions de mes douze genres ; je compare ces defcriptions entre
elles ; je reconnois quels font les carac-

téres communs à plusieurs genres , & ceux qui distinguent chacun d'eux , en particulier ; je suis aidé dans cette recherche , par les planches gravées.

Je vois une fleur monopétale labiée , dont la lévre supérieure est creusée en *cuiller* , & l'inférieure divisée en trois parties ; le pistil est fixé au fond de la fleur , comme un clou , posé sur quatre embrions qui dans les fruits mûrs sont changés en semences renfermées dans une espéce de capsule formée par le calice.

Mais ces signes sont communs à presque tous les genres de la section. Je compare de nouveau , & je remarque que la lévre supérieure n'est pas creusée précisément en forme de *cuiller* , mais plutôt en forme de *tuile.* Or je vois que ce caractére n'appartient qu'à deux genres , l'*agripaume* ou la *queue de lion.* Leurs lévres inférieures sont également divisées en trois , mais j'observe que les semences de ma plante ne sont pas anguleuses , & ne remplissent pas toute la cavité de la capsule formée par le calice , ce qui est annoncé dans la description de l'*agripaume.* Les semences oblongues , & la forme du calice devenu une capsule longue & tubulée , m'apprennent enfin, que ma plante est certainement un *leonurus* ou *queue de lion.*

C'est ainsi que la méthode conduit pas à pas, au moyen de la chose connue, à celle qui ne l'est pas. La plante qu'on est parvenu à déterminer de cette maniere, reste profondément gravée dans la mémoire, comme l'*énigme* qu'on a devinée, comme le *problême* qu'on a résolu ; & tel est l'objet de la Botanique.

Si l'opération, ainsi qu'elle est décrite, paroît longue, c'est qu'on a voulu en suivre tous les degrés, dans la vue de guider un éléve qui commence ; mais l'usage la simplifie, & l'habitude réduit ces degrés à un petit nombre ; elle supplée à la progression des raisonnemens qu'on a supposés. L'observateur s'habitue bientôt à reconnoître d'un coup d'œil, qu'une plante est *pétalée*, *monopétale*, *irréguliére* ; la saveur aromatique lui indique encore la classe des *labiées* ; mais l'étude de la *section* & plus encore celle du *genre*, exigent toujours un plus long examen : elles présentent plus de rapports à comparer.

Passons enfin à la méthode du Chev. VON LINNÉ, qui mérita le nom de *systême*, parce que, fondée à peu près sur les mêmes principes, elle les embrasse d'une maniere plus fixe, plus précise & plus absolue.

SYSTÊME SEXUEL
DU CHEV. VON LINNÉ.

ON a vû dans le plan général du *systême sexuel* (*a*), qu'il porte essentiellement sur les parties de la *fructification*, considérées comme parties de la *génération*, & en particulier sur les *étamines* qui sont les *parties mâles*, & sur les *pistils* qui sont les *parties femelles. Voy.* Pl. 2. Fig. 3, 4, 5 & 6.

PRINCIPES DU SYSTÊME SEXUEL.

Cette méthode divise les plantes, comme celle de TOURNEFORT, en *classes*, en *ordres*, qui répondent aux *sections*, & en *genres*.

PRINCIPES DES CLASSES.

Les classes se divisent en considérant les étamines seules ; ainsi qu'il suit :

1°. *Leur apparence ou occulta-tion.* { Les organes de la *féconda-tion* ou *génération* des plan-tes, sont visibles ou peu ap-parens à nos yeux.

Voy. ci-dessus *principes des méthodes*, Plan du *Systême sexuel*.

2°. *Leur union* ou *séparation.*
{ Parmi les plantes où ces organes sont apparens, les unes contiennent, dans une même fleur, les deux sexes, c'est-à-dire, des *étamines* & des *pistils*, & sont nommées *hermaphrodites*; les autres n'ont qu'un sexe, & sont nommées *mâles*, quand elles n'ont que des *étamines*; *femelles*, quand elles n'ont que des *pistils.*

3°. *Leur situation.*
{ Les plantes qui n'ont que les organes d'un sexe, portent leurs fleurs *mâles* ou *femelles*, ou sur le même pied, ou sur des pieds différens; ou indifféremment, tantôt les *mâles* sur des pieds différens des *femelles*, tantôt sur le même.

4°. *Leur insertion.*
{ Les *étamines* sont ordinairement attachées au *réceptacle*, quelquefois cependant elles s'insèrent dans le *calice.*

5°. *Leur réunion.*
{ Quelquefois les *étamines* sont totalement séparées les unes des autres; d'autres fois elles sont liées par quelques-

{ unes de leurs parties , & réunies de cinq manieres ; ou
en un seul corps , ou en deux
corps , ou en plusieurs ; ou
en forme de cylindre , ou
liées au *pistil.*

6°. *Leur proportion.* { Les *étamines* sont toutes de
même hauteur , sans avoir
entre elles aucune proportion
de grandeur respective ; ou
bien elles sont d'une inégale
grandeur déterminée : de
sorte qu'alors , il s'en trouve
deux toujours plus petites ,
les plus grandes étant quelquefois au nombre de deux ,
quelquefois au nombre de
quatre.

7°. *Leur nombre.* { Le nombre des *étamines*
varie dans les fleurs soit *mâ-
les* , soit *hermaphrodites.*

Ces sept observations fournissent les caractéres de vingt-quatre classes. Division des clas- ses.

Les treize premieres sont divisées par le nombre des *étamines* uniquement , à l'exception de la douzieme & de la trei-zieme , qui le sont aussi par leur *insertion.*

La quatorzieme & la quinzieme , par leurs *proportions respectives.*

La seizieme, dix-septieme, dix-hui-tieme, dix-neuvieme & vingtieme, par leur *réunion* en quelques parties.

La vingt-unieme, vingt-deuxieme, & vingt-troisieme, par leur *union* avec le *pistil*, ou leur *séparation* d'avec lui.

La vingt-quatrieme par l'*absence* ou le *peu d'apparence* des *étamines*.

Chaque classe porte un nom tiré d'un mot grec qui renferme son principal caractére.

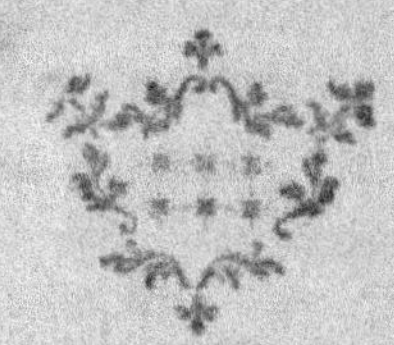

CLASSES.

LEs treize premieres classes comprennent les fleurs visibles, hermaphrodites, dont les étamines ne sont réunies par aucune de leurs parties, & n'observent, entre elles, aucune proportion de grandeur ; on les divise par le nombre des étamines.

		NOMS DES CLASSES.
Caractéres des Classes tirés	CL. I. Une étamine, (*balisier*).	*Monandrie.* μόνος ἀνήρ. un mari.
	CL. II. Deux étamines, (*jasmin*).	*Diandrie.* δὶς ἀνήρ. II maris.
	CL. III. Trois étamines, (*graminées*).	*Triandrie.* III maris.
	CL. IV. Quatre étamines, (*rubiacées*).	*Tétrandrie.* IV.
	CL. V. Cinq étamines, (*ombellifères*).	*Pentandrie.* V.
du nombre des étamines.	CL. VI. Six étamines, (*liliacées*).	*Hexandrie.* VI.
	CL. VII. Sept étamines, (*maron d'inde*).	*Heptandrie.* VII.
	CL. VIII. Huit étamines, (*persicaire*).	*Octandrie.* VIII.
	CL. IX. Neuf étamines, (*capucine*).	*Ennéandrie.* IX.
	CL. X. Dix étamines, (*caryophillées*).	*Décandrie.* X.
	CL. XI. Douze étamines, (*aigremoine*).	*Dodécandrie.* XII.

La douzieme & la treizieme claſſes,
indépendamment du nombre, considé-
rent l'*inſertion des étamines*; elles tiennent au calice ou n'y tiennent pas.

De leur nombre & de leur in-ſertion.

CL. XII. Une vingtaine d'étamines attachées au calice (*a*), (*roſe*). — *Icoſandrie.* XX maris.

CL. XIII. Depuis vingt juſqu'à cent étamines, qui ne tiennent pas au calice, (*pavot*). — *Poliandrie*, πολὺς, pluſieurs.

La quatorzieme & la quinzieme claſſes
renferment les fleurs viſibles, hermaphrodites, dont les étamines ne ſont
réunies par aucune de leurs parties, mais
dont la longueur eſt inégale, de ſorte
qu'il y en a deux plus petites que les
autres.

De leurs propor-tions.

CL. XIV. Quatre éta-mines, deux petites, deux plus grandes, (*labiées, perſonnées*). — *Didynamie.* δὶς δυναμὶς, 11 puiſſances.

CL. XV. Six étamines, deux petites oppoſées l'une à l'autre, quatre plus grandes, (*cruciformes*). — *Tétradynamie.* IV puiſſances.

Depuis la ſeizieme juſqu'à la vingtieme incluſivement, ſont compriſes les

<hr>

(*a*) Le vrai caractére de cette claſſe conſiſte moins
dans le nombre, que dans l'*inſertion*.

fleurs visibles, hermaphrodites, dont les étamines, à peu près égales en hauteur, sont réunies par quelques-unes de leurs parties.

De la réunion de quelques parties.	CL. XVI. Plusieurs étamines réunies par leurs filets en un corps, (*mauves*).	*Monadelphie.* μονος αδελφος un frere.
	CL. XVII. Plusieurs étamines réunies par leurs filets, en deux corps, (*légumineuses*).	*Diadelphie.* deux freres.
	CL. XVIII. Plusieurs étamines réunies par leurs filets, en trois ou plusieurs corps, (*mille-pertuis*).	*Polyadelphie.* plusieurs.
	CL. XIX. Plusieurs étamines réunies, en forme de cylindre, par les *anthéres* ou sommets, rarement par les filets, (*fleurs composées*).	*Syngénésie.* σὺν γένεσις. ensemble, génération.
	CL. XX. Plusieurs étamines réunies & attachées au pistil, sans adhérer au réceptacle, (*les orchidées*).	*Gynandrie.* γυνὴ ανηρ. femme mari.

La vingt-unieme, vingt-deuxieme, & vingt-troisieme classes renferment les plantes, dont les fleurs visibles ne sont point hermaphrodites, & n'ont qu'un sexe mâle ou femelle, c'est-à-dire, des étamines ou des pistils séparés dans différentes fleurs.

De la si- tuation des étamines, séparées des pistils.	CL. XXI. Les fleurs mâles & femelles séparées sur un même individu, (*masse d'eau*).	*Monœcie.* μονα οἰκα. une maison.
	CL. XXII. Fleurs mâles & femelles séparées, sur différens individus, (*chanvre*).	*Dioecie.* II maisons.
	CL. XXIII. Fleurs mâles & femelles, sur un ou sur plusieurs individus, qui portent aussi des fleurs hermaphrodites, (*pariétaire*).	*Polygamie.* πολυς γαμος. plusieurs noces.

La vingt-quatrieme classe comprend les plantes où l'on ne distingue que difficilement, ou point du tout, les étamines, celles dont la fructification est occulte, difficile à appercevoir, ou peu connue.

De leur occultation ou peu d'ap- parence.	CL. XXIV. Fleurs renfermées dans le fruit, ou presque invisibles, (*fougéres, mousses*).	*Cryptogamie.* κρυπτος γαμος. cachées noces.

APPENDIX. Enfin, l'Auteur range à la suite de sa méthode, en forme d'*appendix*, les *palmiers* & les autres plantes, dont les caractéres essentiels ne sont pas encore suffisamment déterminés.

Pour résumer & rassembler, sous un point de vue, les caractéres classiques du *Systême sexuel*, nous nous contenterons de présenter le tableau que l'Auteur en a formé; *Classes plantarum*, pag. 443.

CLEF DU SYSTÊME SEXUEL.
NOCES DES PLANTES.

FLEURS

VISIBLES;

HERMAPHRODITES;

LES ÉTAMINES N'ÉTANT UNIES PAR AUCUNE DE LEURS PARTIES;

TOUJOURS ÉGALES, OU SANS PROPORTIONS RESPECTIVES;

AU NOMBRE   CLASSES.

d'une	1. *Monandrie.*
de deux	2. *Diandrie.*
de trois	3. *Triandrie.*
de quatre	4. *Tétrandrie.*
de cinq	5. *Pentandrie.*
de six	6. *Hexandrie.*
de sept	7. *Heptandrie.*
de huit	8. *Octandrie.*
de neuf	9. *Ennéandrie.*
de dix	10. *Décandrie.*
de douze	11. *Dodécandrie.*
plusieurs, souvent 20, adhérentes au calice	12. *Icosandrie.*
plusieurs, jusqu'à 100, n'adhérant pas au calice	13. *Polyandrie.*

INÉGALES, DEUX TOUJOURS PLUS COURTES;

de 4.	Tantôt deux fleurs plus longs	14. *Didynamie.*
de 6.	Tantôt quatre plus longs	15. *Tétradynamie.*

UNIES PAR QUELQUES-UNES DE LEURS PARTIES;

Par les filets unis en un corps,	16. *Monadelphie.*
unis en deux corps,	17. *Diadelphie.*
unis en plusieurs;	18. *Polyadelphie.*
Par les anthéres, en forme de cylindre;	19. *Syngénésie.*
Étamines unies & attachées au pistil	20. *Gynandrie.*

LES ÉTAMINES ET LES PISTILS DANS DES FLEURS DIFFÉRENTES;

Sur un même pied	21. *Monœcie.*
Sur des pieds différens	22. *Diœcie.*
Sur différens pieds, ou sur le même, avec des fleurs hermaphrodites	23. *Polygamie.*

A PEINE VISIBLES, ET QU'ON NE PEUT DÉCRIRE DISTINCTEMENT   24. *Cryptogamie.*

ORDRES.

LEs ORDRES font, dans le *fyftéme fexuel*, la premiere fubdivifion des *claffes*, comme les *fe{ions* dans la *méthode de* TOURNEFORT.

PRINCIPES

fur lefquels font fondés les Ordres.

PRINCIPES DES OR-DRES. 1°. *LE SYSTÉME SEXUEL* portant, en général fur la confidération des *parties de la génération* des plantes, les *ordres* font établis fur les parties *femelles* qui font les *piftils*, comme les *claffes* fur les parties *mâles* qui font les *étamines*.

Cette régle reçoit cependant quelques exceptions, comme on va le voir.

2°. Ainfi que les étamines, les piftils varient en nombre, dans les fleurs qui en font pourvues, c'eft-à-dire dans les fleurs hermaphrodites, & dans les femelles.

3°. Le nombre des piftils fe prend à la bafe du *ftyle*, & non à fon extrémité fupérieure, nommée *ftigmate*, qui fe trouve quelquefois divifée, fans qu'on puiffe compter plufieurs piftils. Lorfqu'ils font dénués de ftyle, comme dans les *gentianes*, leur nombre se compte par celui des stigmates qui, en ce cas, sont adhérens au *germe. Voyez au surplus ce qui a été dit ci-dessus, sur le pistil & sur le fruit.*

SUR ces principes sont fondées les distinctions des ordres. L'Auteur emprunte leurs noms du grec, comme ceux des classes ; & ce nom est toujours l'expression du caractére de l'ordre auquel il est donné.

Il est inutile d'observer que le même caractére peut être employé à déterminer les ordres de plusieurs classes ; le systême seroit parfait en ce point, si l'on pouvoit y employer un caractére unique.

Le caractére le plus général des ordres, se tire du nombre des pistils ; ainsi le premier ordre d'une classe comprend les fleurs qui n'ont qu'un pistil ;

il se nomme - - - - - - - - *Monogynie.*
μόνος γυνή.
une femelle.

Le second ordre, comprend les fleurs qui ont deux pistils, - - *Digynie.*
II.

Le troisieme, les fleurs qui ont trois pistils, - - - - - - *Trigynie.*
III.

Le quatrieme, les fleurs qui ont quatre pistils, - - - - - - *Tétragynie.*
IV.

Le cinquieme, les fleurs qui ont
cinq piſtils , - - - - - - *Pentagynie.*
V.

Le ſixieme, les fleurs qui ont
ſix piſtils , - - - - - - - *Hexagynie.*
VI.

Enfin l'*ordre* des fleurs qui ont
un nombre de piſtils indéterminé
ſe nomme - - - - - - - *Polygynie.*
pluſieurs.

C'eſt ainſi que ſont ſubdiviſées les treize
premieres claſſes. Une plante dont la
fleur n'a qu'une *étamine* & un *piſtil* , eſt
de la *monandrie - monogynie* ; ſi elle a
deux piſtils , de la *monandrie - digynie* ;
trois , *trigynie* , &c.

On dit de même *pentandrie-monogy-
nie* , pour exprimer la claſſe & l'ordre des
fleurs hermaphrodites qui ont cinq *étamines* & un *piſtil* ; *pentandrie - digynie* ,
trigynie , *tétragynie* , lorſqu'elles ont
deux , trois , quatre *piſtils* , &c.

 Mais la quatorzieme claſſe , la *didynamie* , ſe ſubdiviſe en deux ordres , dont
la diſtinction eſt tirée de la diſpoſition
des graines :

1°. Quatre graines nues , à découvert , au
fond du calice , (les *labiées*) :
Cet ordre eſt nommé - - - *Gymnoſpermie.*
γυμνός σπερμα.
nue ſemence.

2°. Graines

2°. Graines renfermées dans un péricarpe, (les *personnées*) *Angiospermie.*

ἀγγειον

vase , semence.

La XV. classe (*tétradynamie*), se divise en deux ordres ; leur caractére est tiré de la figure du *péricarpe* qui dans les plantes de cette classe, se nomme *silique* (a).

1°. Le péricarpe presque arrondi , garni d'un style à peu
près de sa longueur, constitue
le premier ordre, - - - - - *Les siliculeuses,*
(le *cresson*)   *à petites siliques.*

2°. Le péricarpe très-allongé ,
avec un style court, constitue
le second ordre - - - - - *Les siliqueuses,*
(la *dentaire*)   *à siliques.*

Les classes suivantes , depuis la seizieme jusqu'à la vingt-troisieme inclusivement, à l'exception de la dix-neuvieme
(la *syngénésie*), tirent la distinction de
leurs ordres , des caractéres classiques de
toutes les classes qui les précédent.

Par exemple : la *monadelphie* , seizieme
classe , qui comprend les fleurs dont les
étamines sont réunies par leurs filets , en
un seul corps , se subdivise en trois ordres
qui prennent le nom de *pentandrie* , *dé-*
candrie , *polyandrie* ; les fleurs de la *mo-*

(a) Voy. ci-dessus *silique* , pag. 45.

Part. I.   H

nadelphie-pentandrie, font celles qui ont cinq étamines réunies par leurs filets en un feul corps ; les fleurs de la *monadelphie-décandrie*, font celles qui ont dix *étamines* ainfi réunies ; celles de la *monadelphie-polyandrie*, en ont plufieurs.

De même, la vingt-unieme claffe (la *monœcie*) eft divifée en *monœcie-monandrie*, *diandrie*, *monadelphie*, *fyngénéfie*, *gynandrie* : parce que la *monœcie*, dont le caractére eft d'avoir les fleurs mâles, féparées des femelles, fur un même pied, comprend des fleurs qui ont quelquefois une étamine, quelquefois deux &c, ce qui les range dans la *monœcie-monandrie* ou *diandrie* &c ; ou leurs étamines font réunies par leurs filets, en un feul corps, ce qui conftitue la *monœcie-monadelphie* ; ou bien en forme de cylindre par leurs anthéres, ce qui fait la *monœcie-fyngénéfie* ; ou bien encore, les étamines s'inférent dans le lieu qu'occuperoit le piftil, fi la fleur étoit *hermaphrodite* (*b*) , ce qui établit la

(*b*) Les Cenfeurs du Syftême fexuel ont principalement attaqué cette fubdivifion de la *monœcie* & de la *diœcie*. Les fleurs mâles y font féparées des femelles, ou fur des pieds différens, ou fur le même pied. Si les *mâles* ou étamines, font féparés des *femelles* ou piftils, comment peut-il y avoir *gynandrie* ? Comment l'étamine peut-elle s'unir & s'inférer au piftil ? on a prévenu cette critique avec l'Auteur du fyftême, en difant qu'elle s'infére, fi non au piftil, du moins fur la place qu'il

gynandrie, & forme la *monœcie-gynan-drie*; il en est de même dans la *diœcie*.

occuperoit. Ayant eu lieu de consulter M. GOUAN sur cette difficulté, nous croyons devoir publier ici l'extrait de sa réponse, comme une interprétation utile à l'intelligence des principes de son illustre ami.

Considérez, avec le Chev. LINNÉ, le réceptacle de la fleur, comme s'il étoit divisé en quatre cercles concentriques: *Voy.* Pl. 1. Fig. 21; le calice occupe essentiellement le cercle extérieur, Lett. *d*; les pétales occupent le second cercle, Lett. *c*; les étamines sont placées dans le troisieme, Lett. *b*; le pistil est dans celui du milieu, Lett. *a*.

Il suit de là, que lors même, que les étamines sont insérées aux parois intérieures des pétales, elles sont toujours dans un cercle concentrique à celui des pétales, extérieur à celui des pistils, & dès-lors, elles ne peuvent être réputées déplacées. Mais le cercle du milieu *a*, ou centre du réceptacle, étant essentiellement destiné au pistil, si ce cercle, dans l'absence même du pistil, est occupé par l'étamine, elle doit être regardée comme déplacée, & formant une vraie *gynandrie*; elle est censée attachée au pistil, dès qu'elle est insérée au lieu qu'il occuperoit, s'il existoit.

Il suit encore de là, que toute partie du pistil, qui occupe le centre du réceptacle, que ce soit le style, le germe, le stigmate, ou même un péduncule qui porte le germe, comme dans la *fleur de la passion*, cette partie quelconque représente le pistil en entier, & si l'étamine s'y insere, il y a réellement *gynandrie*; parce que l'étamine n'occupe pas le cercle qui lui est destiné, mais bien celui du pistil.

Cette observation sert, non-seulement de réponse aux Censeurs du système, mais de guide aux étudians, pour découvrir & discerner les genres de la *gynandrie*, tels que les *arums*, les *aristoloches* &c. elle fait voir comment les *nectars* des *orchis*, auxquels s'attachent les étamines, & qui sont attachés au pistil, devenant de cette sorte médiateurs entre les étamines & les pistils, constituent essentiellement la *gynandrie*.

H ij

Suivant les mêmes principes, la *poly-gamie*, vingt-troisieme classe, se distingue en *polygamie-monœcie* & *polygamie-diœcie*.

ORDRES DE LA SYN-GÉNÉSIE. Les ordres de la *syngénésie*, dix-neuvieme classe, sont plus composés, & leurs caractéres plus difficiles à saisir. Cette classe rassemble les fleurs formées de l'aggrégation de plusieurs petites fleurs (*c*) : caractére général, nommé *polygamie* [polygamia], πολυς *plusieurs*, γαμος *noces*. Elle se subdivise de cinq manieres, ainsi qu'il suit :

1°. En *polygamie égale* [æqualis]; Cet ordre comprend les fleurons qui sont *hermaphrodites*, tant dans le disque que dans la circonférence de la fleur ; (la *laitue*).

2°. En *polygamie superflue* [superflua]; Cet ordre comprend les fleurs dont les fleurons du disque sont *hermaphrodites*, & ceux de la circonférence *femelles* ; (les *radiées* & plusieurs *flosculeuses*).

3°. En *polygamie fausse* [frustranea]; fleurons *hermaphrodites* dans le disque, & *neutres* ou *stériles* dans la circonférence ; (la *centaurée*).

4°. En *polygamie nécessaire* [necessaria];

___

(*c*) Voy. ci-dessus *les fleurs composées*, pag. 69.

les fleurons du difque *mâles*, ceux de la circonférence *femelles*; (le *fouci*).

5°. En *monogamie* [monogamia]; fleurs qui, fans être compofées de fleurons, ont leurs étamines réunies en cylindre, par leurs anthéres; (la *violette*).

Enfin la vingt-quatrieme claffe, ou *cryptogamie*, ne pouvant fournir des divifions tirées des parties de la *fructification*, qui y font trop peu apparentes, a été partagée en quatre *ordres* ou *familles* faciles à difcerner: 1°. les *fougéres*; 2°. les *mouffes*; 3°. les *algues*; 4°. les *champignons*.

FAMILLES DE LA CRYPTOGAMIE.

G E N R E S.

LES *ordres* après avoir divifé les *claffes*, font eux-mêmes fubdivifés en *genres*, que nous avons comparés à des familles compofées de tous les parens du même nom, & qui doivent être diftingués par des caractéres plus multipliés, plus rapprochés & auffi effentiels que ceux des *claffes* & des *ordres*.

M'. DE TOURNEFORT en établiffant ce principe, s'en eft lui-même écarté, dans la détermination des *genres du fecond ordre*.

H iij

Le Chev. LINNÉ n'admet que ceux du premier, & se restreint à la considération *des parties de la fructification*; mais il les observe chacune en particulier, dans tous leurs rapports, & dans l'ordre suivant:

1°. Le calice.
2°. La corolle & sur tout le nectar.
3°. Les étamines.
4°. Les pistils.
5°. Le péricarpe.
6°. Les semences.
7°. Le réceptacle.

} & toutes leurs espèces différentes.

Il considére ces sept parties, relativement à quatre attributs: le *nombre*, la *figure*, la *situation* & la *proportion*.

De sorte que toutes les espèces de calices, de corolles, de nectars, d'étamines, de pistils, de péricarpes, de semences & de réceptacles, observés suivant leur nombre, suivant la figure particuliére qu'ils affectent, la situation dans laquelle ils sont, & la proportion qu'ils gardent entre eux, fournissent à l'observateur, autant de caractéres sensibles & essentiels.

L'Auteur appelle ces caractéres, les *lettres* ou l'*alphabet* de la Botanique. En étudiant ces lettres, en les comparant, en les épellant, pour ainsi dire, on parvient à lire, & à reconnoître les carac-

téres génériques que le Créateur a originairement empreints dans les plantes ; car
» les *genres* » suivant le Chev. LINNÉ »
» sont uniquement l'ouvrage de la nature ,
» quoique les *classes* & les *ordres* soient ,
» tout ensemble , celui de la nature & de
» l'art (*a*).

Sur ces principes , l'Auteur , dans l'ouvrage , intitulé *genera plantarum* , détermine les caractéres génériques de toutes
les plantes qui lui sont connues ; bornons-
nous à un seul exemple pris au hazard.

Genre du

NARCISSE.

Classe **HEXANDRIE.** *Ordre* **MONOGYNIE.**

Calice ;   *Spathe* oblong , obtus , com-   EXEMPLE,
           primé , qui éclate du côté
           applati , & qui se desséche.

Corolle ;   *Nectar* d'une seule piéce , en
           entonnoir cylindrique , dont
           l'ouverture est évasée. Six *péta-*
           les , ovales , terminés en pointe ,
           planes , insérés extérieurement
           sur la base du tube du *nectar.*

Étamines ; Six *filets* , en forme d'alêne ,
           attachés au tube du *nectar* , plus

(*a*) *Naturæ opus semper est species & genus ; culturæ
sapiens varietas ; naturæ & artis* classis *& ordo.*
Philos. Botan. pag. 101. art. 162.

H iv

courts que lui ; les *sommets* oblongs.

Piſtil ;   *Germe* arrondi, à trois côtés obtus, placé ſous le réceptacle ; *ſtyle* en forme de fil, plus long que les étamines ; le *ſtigmate* diviſé en trois, concave, obtus.

Péricarpe ; Capſule obronde, à trois côtés obtus, triloculaire, à trois valvules.

Semences ; Pluſieurs, globuleuſes, avec un appendice ; leur *réceptacle* en forme de colonne.

On voit par cette maniére de décrire les fleurs, combien les *lettres* de la Botanique, c'eſt-à-dire les caractéres *génériques*, ſe multiplient, & fourniſſent d'objets à comparer.

Quelques caractéres ſont communs à pluſieurs genres, indépendamment des ſignes qui conſtituent l'ordre & la claſſe ; ainſi le *leucoium ;* Lin. le *galanthus*, L. le *pancratium*, L. ont pour calice, un *ſpathe* ſemblable à celui du *narciſſe ;* mais en rapprochant les autres caractéres, on reconnoît aiſément ceux qui ſont diſtinctifs : tels ſont, dans le *leucoium*, la corolle campaniforme ; dans le *galanthus*, le *nectar* à trois pétales ; dans le *pancratium*, le *nectar* diviſé en douze parties.

Le Chev. LINNÉ dans son *Systema naturæ* (1759) n'énonce que les caractéres distinctifs, pour éviter l'inutile comparaison des autres, qu'il suppose admis, & connus précédemment.

Il a décrit, suivant cette méthode, plus de 1174 genres (*b*), c'est-à-dire, environ 500 au delà de TOURNEFORT, qui n'en a guéres établi que 600. On doit observer néanmoins, que le premier réunit souvent plusieurs genres divisés par le second ; Tels sont la *germandrée*, le *teucrium*, le *polium*, & l'*ivette*, que le Botaniste François avoit distingués, comme on l'a vu (*c*), en autant de genres du *second ordre*, par des caractéres indépendans de la fructification; mais le Botaniste Suédois, n'employant ces caractéres qu'à la distinction des espèces, & trouvant ici des rapports essentiels dans les autres parties de la fructification, rassemble toutes ces plantes qui deviennent les espèces d'un même genre.

NOMBRE DES GENRES.

Cette réforme l'a conduit à changer plusieurs noms de genres, comme on le verra dans les démonstrations; on lui a

LEURS NOMS.

(b) *Genera plantarum* 1754. & *Systema naturæ.* 1759.

(c) Voy. ci-dessus, *les genres du second ordre de* TOURNEFORT, pag. 92 & 93.

reproché, ainſi qu'à quelques Auteurs modernes, d'avoir multiplié ces changemens, & ſurchargé, par là, la nomenclature d'une ſcience, dans laquelle les mots devroient être, s'il étoit poſſible, la définition des choſes. Ce n'eſt pas ici le lieu de diſcuter les raiſons de l'Auteur ; on peut conſulter ſa ſavante juſtification, dans le *Philoſophia Botanica*, pag. 158 & ſuiv.

USAGE
DU SYSTÉME SEXUEL.

LE *Systême sexuel* conduit à la connoissance des plantes, par une marche semblable à celle que nous avons indiquée après la méthode de TOURNEFORT, mais par des routes différentes.

Je suppose que je veux reconnoître le *lin* qui se présente à moi pour la première fois ; instruit de tous les principes qui précédent, je cueille plusieurs pieds de la plante, ayant soin qu'ils soient fournis de *fleurs* & de *fruits*. L'apparence de ces parties de la fructification, sur lesquelles le systême est fondé, m'annonce d'abord que la plante n'appartient pas à la vingt-quatrieme classe. *(note marginale : TROUVER LA CLASSE.)*

Je distingue dans toutes les fleurs que j'examine, des *étamines* & des *pistils* ; elles sont donc *hermaphrodites*, & par conséquent ne sont comprises ni dans la vingt-troisieme, ni dans la vingt-deuxieme, ni dans la vingt-unieme classe.

J'examine les étamines en particulier ; j'observe qu'elles ne sont point attachées au piſtil, & qu'elles occupent la place du réceptacle, qui leur eſt deſtinée (*a*) : les fleurs ne ſont donc pas de la vingtieme claſſe.

Je vois que ces étamines ne ſont réunies dans aucune de leurs parties, ni par les filets, ni par les anthéres ; je conclus que la plante n'eſt pas de la dix-neuvieme, ni des dix-huitieme, dix-ſeptieme & ſeizieme claſſes.

Je compare leurs grandeurs reſpectives : je n'y découvre aucune proportion déterminée, elles ſont à peu près égales entr'elles ; la plante ne doit donc entrer ni dans la quinzieme, ni dans la quatorzieme claſſe.

Ainſi je dois me décider par le nombre des étamines, caractére des treize premieres diviſions : j'en compte cinq ; la plante eſt donc de la cinqūieme claſſe, de la *pentandrie* ; donc, au lieu de chercher à la reconnoître, ſur onze cents genres, le nombre en eſt réduit à moins de deux cents.

L'ORDRE.　Il s'agit de déterminer l'*ordre*. Je porte mes regards ſur le piſtil, parceque je ſais que dans la *pentandrie*, le nombre des

(a) *Voyez la note de la page* 114.

piſtils fixe les ordres ; j'obſerve le ſtyle juſqu'à ſa baſe , pour m'aſſurer du nombre des piſtils : j'en trouve cinq ; ainſi ma plante eſt de la *pentandrie-pentagynie*. Me voilà réduit à la comparaiſon de dix genres , pour découvrir celui que je cherche à connoître.

Je parcours les caractéres de ces dix genres décrits par l'Auteur (*b*) ; je les compare à ceux de ma plante. Bientôt le *périanthe* à cinq découpures , la *corolle* à cinq pétales , la *capſule* pentagone , diviſée en cinq valvules qui forment dix cavités, dix ſemences ſolitaires : tous ces ſignes , conſtans dans les individus que j'obſerve , m'apprennent avec certitude que ma plante eſt du genre du *lin* ; mais quelle eſt ſon eſpèce ? *LE GENRE.*

L'*eſpèce* , comme on l'a annoncé , ſubdiviſe le genre par la conſidération des parties qui diſtinguent les plantes conſtamment , ſans être auſſi eſſentielles que celles qui établiſſent les *genres* , les *ordres* & les *claſſes*. *L'ESPÈCE.*

Il nous reſte à faire connoître ces parties, pour déterminer les principes ſur leſquels TOURNEFORT & le Chev. LINNÉ

(b) *Genera plantarum* , 1754.

ont fondé la diſtinction des eſpèces ;
nous déſignerons ſur-tout, les objets &
les termes qui ſont entrés dans les démonſtrations. Dans cette vue, nous adop-
terons ici, comme dans la deſcription des
parties de la fructification, les notions
données par le Chev. LINNÉ, qui lui-
même a fait uſage d'un grand nombre
de celles qui lui furent tranſmiſes par le
Botaniſte François.

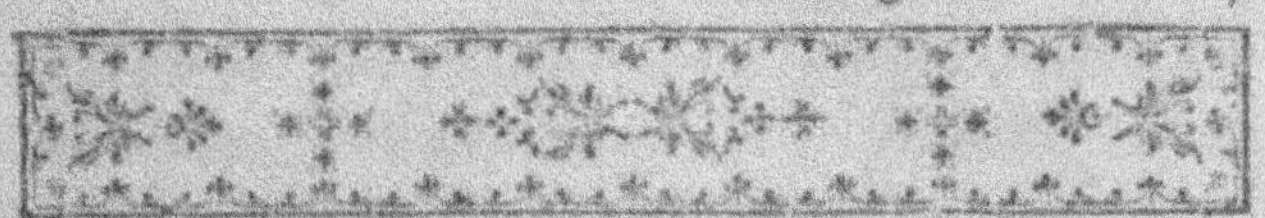

DES PARTIES DES PLANTES *EN GÉNÉRAL.*

POUR découvrir les caractéres génériques & classiques, nous avons examiné les fleurs & les fruits considérés uniquement en eux-mêmes, & dans leurs principes méchaniques; pour déterminer leurs caractéres spécifiques, nous devons les examiner encore rélativement à leurs dispositions, & nous occuper de toutes les autres parties qui composent les plantes.

Leur forme extérieure établit les caractéres qui distinguent les *espèces*, comme *l'organisation interne* constitue *l'économie végétale* au moyen de laquelle, la plante se nourrit, croît & multiplie. Nous ferons connoître la premiere, nous donnerons une idée de la seconde.

OBSERVATIONS PRÉLIMINAIRES.

Il existe, en général, une constante uniformité dans la forme & dans la disposition des parties de chaque individu d'une même espèce.

Cependant il eſt bon d'être prévenu que diverſes cauſes, la culture, le climat, l'expoſition, l'âge, les maladies, les piqueures d'inſectes, produiſent des monſtruoſités, & font varier accidentellement les parties des plantes, comme celles de la fructification.

On a vu que la ſurabondance d'engrais occaſionnoit les *fleurs doubles* (*a*) & quelques *proliféres ;* elle donne auſſi à toutes les parties de la plante, une groſſeur & une étendue qui ne leur ſont pas naturelles. La *fullomanie* eſt une multiplication de feuilles, ſi prodigieuſe, qu'elle nuit à l'eſfloreſcence & à la fructification.

Les jeunes arbres & les nouvelles branches jettent des feuilles beaucoup plus grandes, moins découpées, moins nerveuſes que celles de l'arbre fait. Les feuilles du *houx* perdent leurs piquans lorſque l'arbre vieillit.

Les épis des *graminées* ſe prolongent quelquefois en forme de corne : vice connu ſous le nom d'*ergot* (*b*). La *nielle*

(*a*) Voyez ci-deſſus, pag. 42.

(*b*) On a ſouvent éprouvé que le pain fait avec la farine du ſeigle *ergoté*, produit les maladies les plus dangereuſes, & ſur-tout celle qu'on connoît ſous le nom de *gangrene ſèche.* Elle a régné en *Artois*, depuis le mois d'Août 1764. On a cru devoir l'attribuer à l'uſage des farines faites avec des grains *ergotés* qui ſu-

réduit

réduit en pouffiére noire l'épi des *bleds*, ainſi que le *charbon*, maladie encore plus nuiſible, parce qu'elle eſt contagieuſe & ſe propage par *inoculation*.

Certaines plantes des pays chauds, cultivées dans les pays froids, portent leur fruit ſans produire leur corolle. Le Chev. LINNÉ a obſervé ce phénoméne ſur pluſieurs eſpèces, en particulier ſur la *campanule perféuillée* de la Virginie (c), & ſur le *ruellia* des Barbades (d). La même choſe arrive dans nos climats, à cette derniere ; & à Paris, à une petite plante marine, nommée *glaux* (e).

Les plantes qui croiſſent ſerrées & à l'ombre, ne prennent pas la conſiſtance qui leur convient ; elles s'allongent, elles *filent*, ne ſe colorent pas comme les autres, & portent rarement leurs fruits : on les nomme *étiolées*. L'expérience dé-

Par l'expoſi-
tion ;

rent communs cette année dans l'*Artois*. On a reconnu que le plus ſûr moyen d'employer, ſans danger, les ſeigles qui ſont mêlés de beaucoup de grains infectés de ce vice, étoit de ne les employer que long-tems après la récolte, & jamais avant qu'ils aient ſué. L'uſage des bleds trop nouveaux eſt toujours pernicieux.

(c) *Campanula perfoliata*. L. hort. Upſal ; n°. 3. pag. 40.

(d) *Ruellia clandeſtina*. L. hort. Upſal ; n°. 2. pag. 179.

(e) *Glaux maritima*. L. Spec. Pl. pag. 207.

Part. I. I

montre que leur affoiblissement vient moins du défaut de chaleur, que de la privation de la lumiere (*f*).

D'autres caufes altérent la couleur des feuilles qui fe tachent de jaune diverfement mêlé avec le verd, (l'*obier*, l'*érable*) ; les Jardiniers les recherchent & les multiplient par la greffe, fous le nom de *feuilles panachées* [variegatæ]. Quelques-unes prennent un rouge foncé (*le bec de grue à robert*). Le jaune pâle eft un figne de dérangement dans l'économie végétale, occafionné par la féchereffe. La blancheur qui couvre quelquefois la furface des feuilles, provient de l'humidité & du défaut de circulation dans l'air ; on l'appelle *givre*.

Le vice, ou la furabondance des liqueurs nutritives, fait naître fur quelques arbres des *tumeurs*, des *excroiffances*, qu'on peut regarder comme des *exoftofes* ; ce font ces loupes dont on fait des ouvrages de marquéterie, & que mal à propos, on prend pour des racines.

(*f*) Semez dans la même terre, à la même expofition, la même efpèce de graine, fous une cloche de verre tranfparent, & fous une cloche de bois, ou de verre opaque : la premiere plante réuffira, la feconde fera foible, maigre, *étiolée*, fans couleur : (Expérience de M⁵. BONNET & HILL). On blanchit les *cardons*, en les privant de la lumiere.

Souvent les branches du *frêne*, du *saule*, &c. se contournent comme une crosse, ou s'applatissent de plusieurs manieres irréguliéres ; ce peut être l'effet de deux bourgeons greffés naturellement l'un dans l'autre, avant le développement de la branche. Deux feuilles, deux fruits greffés de cette sorte, produisent d'autres *monstruosités* (*g*). On fait varier de même, au moyen de la greffe artificielle, la forme des feuilles, des tiges, des fleurs & des fruits ; & d'un sujet destiné à devenir un grand arbre, la serpette du Jardinier forme un arbre *nain*, &c.

Par la greffe;

Enfin plusieurs insectes, & principalement de petites mouches à tariére, nommées *cynips* (*h*), déposant leurs œufs sous l'écorce des feuilles & des tiges, y occasionnent une extravasion de la séve, & donnent naissance à plusieurs productions étrangéres, qui imitent quel-

Par les insectes;

(*g*) Voy. *Sur les monstres végétaux*, le quatrieme Mémoire *sur l'usage des feuilles* de M. BONNET.

La Physique des arbres de M. DUHAMEL, T. I. LIV. III. chap. III. Art. III.

La Préface des familles des plantes de M. ADANSON, pag. 42.

Un Memoire sur les monstres végétaux, Journal économique, Juillet & Août 1761.

(*h*) *Cynips*. Lin. Syst. nat. 1758.

Cinips GEOFF. Insect. T. 2. pag. 289.

quefois des fruits, des champignons, des éponges, tantôt rondes, tantôt allongées, dures, molles, couvertes de feuilles, ou hériffées de filets (*i*).

Telles font les *gales* de chêne qui entrent dans la compofition de l'encre, celles qui recouvrent le chaton de fes fleurs, *les gales du lierre terreftre*, de certain *hieracium*, du *chardon hémorroïdal*, du *tremble*, & de plufieurs efpèces de *faules*; tels font ces corps bizarres, couverts de filamens verds, jaunes ou rougeâtres, appellés *bédéguar*, qu'une mouche du même genre, fait naître fur le *rofier fauvage*; tous ces corps nourriffent des *larves*, ou vers fortis des œufs dépofés, & produifent des mouches femblables à celles qui les ont pondus. Telles font encore les veffies de l'*orme*, remplies de *pucerons* (*k*), & d'une liqueur aftringente, fpécifique pour les bleffures; les fauffes *rofes* d'un petit faule aquatique & les efpèces de *cul d'artichaux* du *chêne* (*l*), développemens monftrueux d'un bourgeon piqué par une mouche qui y dépofe fes œufs, &c.

(*i*) REAUMUR, *Mémoires des infectes*, T. 3. pl. 34. & fuiv.

(*k*) *Aphis ulmi*, LINNÆI. REAUMUR, Infect. T. 3. pl. 25.

(*l*) REAUMUR, T. 3. pl. 43.

Il importe de connoître tous ces accidens. Ce n'est qu'après les avoir obfervés, qu'on parvient à ne pas les confondre avec les vraies parties qui fourniffent les caractéres effentiels des *efpéces*; comme accidens, ils ne conftituent que des *monftruofités* ou des *variétés*. Pour apprendre à difcerner l'*efpéce* conftante, confidérons les parties des plantes dans leur état naturel.

ORGANISATION EXTÉRIEURE
DES PLANTES,

D'où résultent les caractéres spécifiques.

ON comprend ici, sous le terme d'*organisation extérieure*, la *disposition des fleurs & des fruits*, ainsi que la *forme &* la *disposition* de toutes les autres parties des plantes, qui sont les *feuilles*, les *supports* ou *points d'appui*, les *troncs* ou *tiges*, les *racines* & les *bourgeons*.

Iº. DE LA DISPOSITION
DES FLEURS ET DES FRUITS.

Leur *disposition* n'est autre chose que la maniere dont ils sont disposés & distribués sur les tiges de la plante.

On ne sauroit observer avec exactitude, la disposition des fleurs & des fruits, qu'en les supposant développés ; il importe donc de connoître préalablement, ce qu'on entend par *floraison*, *épanouissement* des fleurs & *maturation* des fruits.

FLORAI-
SON.

LA FLORAISON [efflorescentia] est le tems de l'année où chaque plante produit ses premieres fleurs. Il en est qui en donnent deux fois l'année, on les nomme *biferæ*, & *multiferæ* celles qui fleuriſſent plus ſouvent, comme la *roſe de tous les mois.*

Le tems de la floraiſon eſt déterminé par le degré de chaleur néceſſaire à chaque eſpèce; le *bois gentil*, le *perce-neige*, produiſent leurs fleurs dès le commencement de Février; l'*hépatique*, la *primevére*, au commencement de Mars; le plus grand nombre, au mois de Mai; les *bleds*, au commencement de Juin; la *vigne*, au milieu; pluſieurs *fleurs compoſées*, dans le mois de Juillet & d'Août; la *colchique*, le *ſafran* dans le mois d'Octobre: ils annoncent l'hiver.

Le Chev. LINNÉ a donné une eſquiſſe du tableau de la floraiſon, ſous la dénomination de *calendrier de Flore* (a); il comprend très-peu de plantes; & l'on conçoit que la détermination préciſe doit toujours avoir de l'incertitude. L'ordre de la floraiſon n'eſt jamais interverti entre les diverſes eſpèces, mais le tems où l'on ſeme l'accélére ou la retarde pour les annuelles, & même pour les vivaces, la premiere année. La température de la ſaiſon influe ſur les unes & ſur les autres; elles ſont toutes plus hâtives

____

(a) *Calendarium Floræ.* Amæn. T. 4. pag. 387.

dans les pays chauds (*b*) ; il arrive de
là que les plantes cultivées hors de leur
terroir natal, ne fleurissent que dans le
tems, où la chaleur du lieu qu'elles habitent, est égale à celle qui les eût fait
fleurir dans leur pays.

L'ÉPANOUISSEMENT [vigiliæ plantarum (*c*)] ne convient qu'à quelques
fleurs qui, après leur développement,
s'ouvrent & se ferment à certaines heures
du jour & de la nuit.

Les heures de l'épanouissement varient
en raison de la chaleur & des autres causes qui élévent dans les vaisseaux des pétales, les sucs qui les forcent à s'étendre
& à se redresser ; elles varient donc,
comme le tems de la floraison, selon
l'espèce de la plante, la température du
climat, & celle de la saison.

Le Chev. LINNÉ a déterminé ces heures, sur plusieurs plantes observées dans
le jardin d'Upsal ; il appelle le tableau de
cette détermination, l'*horloge de Flore* (*d*) ;
selon M. ADANSON, il ne diffère guére

(*b*) On trouve dans la Préface *des familles des plantes*, pag. 102. un tableau de la *floraison* dans le climat
de Paris, avec le terme moyen de la chaleur nécessaire.
Il comprend 70 plantes des plus connues.

(*c*) *Philos. Botan.* LINNÆI, pag. 272.
(d) *Horologium Floræ.* Phil. Bot. pag. 174.

que d'une heure , sur celui qu'on pourroit faire pour Paris , & par conséquent d'environ cinq ou six quarts d'heure pour Lyon.

Le Botaniste Suédois appelle *solaires* [solares] , les fleurs qui s'épanouissent & se ferment pendant le jour ; il les divise en trois espèces :

Les *équinoctiales* [æquinoctiales], celles qui s'ouvrent & se ferment à une heure fixe.

Les *tropiques* [tropici] , celles qui s'ouvrent le matin & se ferment le soir , plutôt ou plus tard , selon la briéveté ou la longueur du jour.

Les *météoriques* [meteorici] , celles dont l'heure de l'épanouissement est dérangée par la température de l'athmosphére ; tel est le *laitron de Sybérie* qui se ferme la nuit , si le lendemain doit être un jour serein ; tel est aussi le *souci d'Afrique* ; lorsqu'il n'est pas épanoui à six heures du matin , on est assuré qu'il pleuvra dans la journée. Les sucs qui contribuent à son expansion , peuvent être comparés à la liqueur du baromètre.

En général les fleurs à *demi-fleurons* s'ouvrent le matin ; les *malvacées* avant midi ; les *becs de grue* le soir ; la *belle de nuit* & le *cierge rampant* la nuit , &c. L'heure où elles se ferment , est également déterminée.

MATURA-
TION.

MATURATION [frutefcentia] , c'eft
le tems où après la chûte des fleurs, les
fruits arrivent à leur maturité, & difper-
fent leurs femences. Il varie, comme la
fleuraifon, en confervant quelques rapports avec elle.

En général, les plantes qui fleuriffent
au printems, donnent leurs fruits dans
l'été, (le *feigle*) ; celles qui fleuriffent
l'été, ont leurs fruits mûrs en automne,
(la *vigne*) ; le fruit des fleurs d'automne
ne mûrit que l'hiver, ou le printems fuivant, (le *fafran*) , &c.

DISPOSI-
TION.

Venons à la *difpofition* des fleurs &
des fruits.

Remarquons en premier lieu, que les
fleurs & les fruits font nommés *péduncu-
lés* , lorfqu'ils font fupportés par un *péduncule* : *Voy*. Pl. 2. Fig. 1. Lett. *c* , &
Fig. 17. Lett. *aaa*. Ils font appellés *feffiles* ,
lorfqu'ils n'ont point de *péduncule*, &
qu'ils adhérent immédiatement, aux tiges
ou aux branches de la tige : *Voy*. Pl. 2.
Fig. 19. Lett. *aa* ; & Fig. 20. Lett. *id*.

Le *péduncule* porte une, deux, trois,
ou plufieurs fleurs : ce qui s'exprime par
ces mots, *uniflorus*, *biflorus*, *triflorus*,
multiflorus. Quelquefois il va former le
calice, & fe prolonge fans interruption,
en s'évafant à fon extrémité fupérieure,
[*pedunculus incraffatus*].

La *disposition* est simple ou composée ; *simple*, lorsque le péduncule est simple ; *composée*, lorsqu'il est branchu, rameux.

Les diverses dispositions se désignent par des épithétes relatives ; ainsi on nomme, en général, les fleurs, les fruits & leurs péduncules :

Caulinaires [caulinares], lorsqu'ils tirent leur origine de la tige, placés quelquefois à son extrémité [terminales] : *Voy*. Pl. 2. Fig. 17. Lett. *b b* ; quelquefois aux aisselles des branches ou des feuilles, *axillaires* [axillares] : *Ibid.* Fig. 20. Lett. *a a* ; quelquefois *épars* [sparsi] ; & lorsqu'ils sortent des branches mêmes, *rameux* [ramosi].

Radicaux [radicales], lorsqu'ils partent de la racine : *Voy*. Pl. 6. Fig. 2.

Suivant leur disposition particuliére, *solitaires* [solitarii], lorsqu'ils ne sont point rassemblés, & toujours un à un : *Voy*. Pl. 5. Fig. 2. Lett. *k k k*.

Verticillés [verticillati], ceux qui forment des bouquets en anneau autour des tiges, (le *marrube*) : *Voy*. Pl. 2. Fig. 20. Lett. *a a a*.

En *grappe* [racemosi], rassemblés comme les graines du *raisin*, de maniére que chaque fleur est soutenue par un petit péduncule, attaché à un péduncule com-

mun qui les porte toutes, (le *cytise*) :
Voy. Pl. 2. Fig. 18.

En *corymbe* [corymbosi], rassemblés
en un bouquet composé de fleurs qui
sont portées par de petits péduncules, attachés à un péduncule commun ; les petits péduncules inférieurs, étant graduellement plus longs que les supérieurs, de
manière qu'ils montent tous au même
niveau, (le *spiréa à feuilles d'obier*) :
Pl. 2. Fig. 17. On appelle *fastigiati*, les
fleurs en corymbe, dont les bouquets sont
horizontalement applatis, comme s'ils
eussent été tondus au ciseau, (la *mille-
feuille*).

En *épi* [spicati], sessiles, & rassemblés
sur un péduncule commun, allongé souvent en forme de cône, (*plusieurs graminées*) : Pl. 2. Fig. 19, & Pl. 1. Fig. 15.
Lett. *ccc.*

En *panicule* [paniculati], espèce d'épi
branchu, composé de petits épis, attachés le long d'un péduncule commun,
(le *panis*). La panicule est *diffuse* [pa-
nicula diffusa], lorsque les péduncules
particuliers divergent : Pl. 2. Fig. 21 ;
resserrée [coarctata], lorsqu'ils se rapprochent.

Ombellés [umbellati], quand les fleurs
sont portées par des péduncules particu-

liers, attachés à l'extrémité supérieure d'un péduncule commun, de maniere qu'ils divergent comme les rayons d'un parasol, qui partent d'un même centre, (les *ombelliféres*) (*e*) : *Voy*. Pl. 1. Fig. 7.

N°. 1°. Le *corymbe* est le terme moyen entre la *grappe* & l'*ombelle* ; ses fleurs sont pédunculées comme les leurs ; mais les péduncules du *corymbe* montent graduellement comme ceux de la *grappe*, & arrivent tous à la même hauteur, comme ceux de l'*ombelle*.

N°. 2°. On emploie l'épithéte d'*ombellé*, pour exprimer la disposition de quelques fleurs, qui par là, ressemblent aux vraies *ombelliféres*, mais qui n'ont pas leurs caractéres génériques, (*l'ornithogale ordinaire, la toutesaine*). On appelle aussi *cymosi*, plusieurs fleurs de classes différentes, disposées en espèces d'*ombelle*, ou plutôt en *corymbe*.

Thyrsoïdes, en *grappe* ou *panicule*, dont les bouquets sont en pyramides ovales, parce que les péduncules inférieurs s'étendent horizontalement, & sont les plus longs, tandis que les supérieurs sont plus courts, & montent verticalement, (le *lilac*).

(*e*) Voy. ci-dessus leurs caractéres, pag. 67. & la cl. 7. de TOURNEFORT, pag. 76.

Capités, en *maniere de tête* [capitati] ; bouquets ramassés en tête , (le *lotier*).

En *faisceau* [fasciculati] , plusieurs fleurs ou fruits rassemblés & serrés les uns contre les autres , (l'*œillet barbu*).

Séparés , *éloignés* [divaricati], écartés les uns des autres.

En *maniere de crosse* [convoluti] , (l'*héliotrope*).

Penchés [nutantes] , lorsque la fleur est inclinée vers la terre (*un chardon* , *carduus nutans*. L.). Le péduncule auquel tient cette fleur , est dit *replié* , *arqué* [cernuus].

NUTATION.   *OBSERV*. On entend , en général , par *nutation* des plantes , la faculté donnée à quelques-unes , de tourner le disque de leurs fleurs , du côté du soleil , en suivant le cours de cet astre ; de sorte que leur disque , le matin , regarde l'Orient , le sud à midi , l'occident le soir. Ces plantes sont , en général , appellées *héliotropes* , (*qui tournent avec le soleil*) ; de ce nombre est celle qu'on connoît sous le nom de *soleil* [helianthus , L. corona solis] , les fleurs à *demi-fleurons* , le *réséda* &c. On peut remarquer aussi que les épis de bled , qui par le poids de leurs grains , sont repliés en *cou-d'oie* , inclinent toujours du côté du soleil , jamais au nord.

Les observations de M^{rs}. de Lahire, Hales & Bonnet, établissent que ces mouvemens ne sont point l'effet d'une torsion dans la tige, mais du desséchement des fibres exposées à l'ardeur du soleil, lesquelles, en se racourcissant, déterminent la *nutation* des fleurs & des jeunes tiges. C'est ainsi que l'humidité & la sécheresse développent & contractent alternativement les tiges de la *rose de Jéricho* ; ce qu'on observe aussi, dans la *bâle de l'avoine*, & dans les battans de la capsule du *bec de grue*.

Toutes les plantes ne sont pas douées du mouvement de *nutation* ; il en est même, qui n'ont pas la faculté de reprendre leur premiere situation, lorsqu'on la change; telle est une espèce de *moldavique* de Virginie qu'on nomme *cataleptique* ; de quelque côté qu'on tourne ses fleurs, elles restent disposées comme on les place.

II°. *DES FEUILLES.*

LES feuilles ne font pas un fimple ornement pour les plantes , elles fervent à plufieurs de nos befoins , & font partie des organes de la végétation.

Le plus grand nombre , des plantes , fur-tout des arbres , porte des feuilles ; quelques-unes cependant , en font dépourvues , comme les *champignons* , & parmi les arbuftes , le *raifin de mer*.

On diftingue dans la feuille , la *queue* & la *feuille proprement dite.*

LE PÉTIOLE.

La queue , comme toutes les parties des plantes (*g*) , eft compofée de vaiffeaux lymphatiques , de trachées & d'un tiffu cellulaire , recouvert d'une écorce ; on l'a nommée *pétiole* [petiolus] , pour la diftinguer du *péduncule :* dénomination confacrée à la queue qui porte les fleurs & les fruits. *Voy.* Pl. 5. Fig. 3. Lett. *i.*

Le *pétiole* eft verdâtre , quelquefois cylindrique , & fouvent on y diftingue des côtes ; il eft ordinairement applati en deffus , d'autres fois creufé en

(g) Voy. ci-après , *organifation interne des parties des plantes en général* ; on a placé ici celle des feuilles , pour répandre plus de clarté fur les defcriptions qui fuivent.

gouttiére

gouttiére ; il soutient la feuille de diverses maniéres, avec roideur, (le *laurier*) ;
en laissant pendre la feuille, (le *tremble*),
&c. si la feuille n'a point de pétiole, on
la nomme *sessile*, (la *lavande*).

La feuille proprement dite, est une production mince, ordinairement verte, d'un
verd plus foncé que le pétiole, formée
par l'expansion des vaisseaux de la queue,
parmi lesquels, dans plusieurs espèces,
on distingue les vaisseaux propres, par le
goût particulier, par l'odeur & la couleur
des liqueurs qu'ils renferment. (*b*).

De l'épanouissement des vaisseaux de
la queue, naissent plusieurs ramifications
qui, se réunissant par quelques-unes de
leurs parties, forment un *réseau* réticulaire
(*c*) dont les mailles sont remplies d'un
tissu cellulaire (*d*), tendre, nommé
pulpe ou *parenchime*. Ainsi certains petits
insectes qui se nourrissent du *parenchime*,
sans toucher au *réseau*, découvrent le
vrai squelette de la feuille.

Le réseau est recouvert, au dehors,
d'un épiderme qui paroît une continua-
tion de celui de la queue, & peut-être de

LA FEUIL-
LE EN GÉ-
NÉRAL.

VAISSEAUX
EXCRÉTOI-
RES.

(*b*) Ils renferment le *suc propre* ; Voy. ci-après,
économie végétale ; *suc propre*, *ses diverses couleurs*.

(*c*) En maniere de filet.

(*d*) Qui a des loges ou cellules.

Part. I.   K

celui de la tige. Un judicieux Obſerva-
teur (*e*) a prouvé que cet épiderme,
comme celui des pétales, eſt une véritable écorce, compoſée elle-même, d'un
épiderme & d'un réſeau cortical. Ces
parties ſont des organes excrétoires par
leſquels ſe diſſipent les ſucs ſuperſlus.

VAISSEAUX ABSORBANS Le réſeau cortical eſt garni, principalement à la ſurface inférieure de la
feuille (*f*), d'un grand nombre de ſu-
çoirs ou vaiſſeaux abſorbans, deſtinés à
pomper l'humidité de l'air. La ſurface
ſupérieure, tournée du côté du ciel, ſert
de défenſe à l'inférieure qui regarde la
terre ; & cette diſpoſition eſt ſi eſſentielle
à l'œconomie végétale, que ſi l'on renverſe une branche, de maniere que la
partie inférieure des feuilles ſoit tournée
du côté du ciel, la feuille ſe retourne
d'elle-même, en peu de rems, & autant
de fois qu'on renverſe la branche.

UTILITÉ DES FEUIL-LES. Les feuilles ſont donc des organes utiles & néceſſaires. On a vu périr des
arbres qu'on avoit totalement *effeuillés*.
En général, la plante à qui l'on ôte des
-feuilles, ne ſauroit pouſſer vigoureuſe-
ment ; on le remarque conſtamment ſur
celles que les inſectes ont attaquées ; & par

(*e*) M. DESAUSSURE, *écorce des feuilles*. Geneve.
(*f*) Voy. ci-après, *ſurface des feuilles*, pag. 155.

la même raison, si l'on veut suspendre ou diminuer la poussée des plantes, on les dépouille de quelques feuilles ; ce qui s'appelle *effaner* (*g*).

Mais il est un tems où la végétation cesse, les organes de succion & de transpiration, deviennent alors superflus ; c'est pourquoi les plantes ne sont pas toujours pourvues de feuilles, elles en produisent, chaque année, de nouvelles, & chaque année, la plupart s'en dépouillent, c'est ce qu'on nomme la *feuillaison* & l'*effeuillaison*.

LA FEUILLAISON [frondescentia *L.*] (*h*), est le renouvellement annuel des feuilles, produit par le développement des *bourgeons* (*i*).

Le tems de la *feuillaison*, comme celui de la *fleuraison*, varie selon la chaleur qu'exige chaque plante, selon la température de la saison, & celle du climat

(g) *Effaner* ou *effeuiller*, ôter les feuilles que les Agriculteurs appellent la *fane* de la plante : cela se pratique sur les bleds, lorsqu'on craint qu'un trop fort accroissement ne les fasse *verfer*. On emploie aussi ce moyen, dans les années froides, sur les arbres fruitiers & sur la vigne, pour leur faire produire des fruits plus mûrs & plus colorés ; mais il convient d'attendre que les fruits aient acquis leur grosseur, parce que les feuilles contribuent à leur accroissement.

(h) Voy. *Philof. Botan.* pag. 271.
(i) Voy. ci-après *bourgeons*.

qu'elle habite. Mais chaque année les mêmes plantes, dans le même pays, pouffent leurs feuilles en même tems, & la feuillaifon fe fuccéde dans les diverfes efpèces, fuivant un ordre toujours uniforme entr'elles (*k*) ; il faut excepter les jeunes arbres qui font plus hâtifs que les vieux.

Ainfi parmi les plantes ligneufes, le *fureau* & la plupart des *chèvres-feuilles* [loniceræ, *L.*], font toujours les premieres qui feuillent ; parmi les vivaces, le *fafran*, la *tulipe*, &c. Le tems des femailles décide des annuelles. Le *chêne* & le *frêne* font conftamment les derniers à pouffer leurs feuilles ; le plus grand nombre les développe en été ; les *mouffes*, les *fapins* en hiver.

EFFEUIL-
LAISON.

L'EFFEUILLAISON [defoliatio] eft la chûte des feuilles, ordinairement annoncée par la floraifon de la *colchique*. On ne la confidére que dans les arbres & arbuftes.

(*k*) Le Chev. LINNÉ conclud de là, qu'après avoir obfervé le tems où il convient de femer, au printems, les grains qu'on cultive pour nos befoins, & s'affurant d'une efpèce d'arbre qui développe fes feuilles dans le même tems précis, on aura dans chaque pays, un figne certain pour déterminer à jamais le tems convenable aux femailles des *mars*. Il établit de cette maniére que la *feuillaifon* du *bouleau* doit déterminer, à Upfal, les femailles de l'*orge*. Voy. *Vernatio arborum.* Amœn. T. 3. pag. 363.

Toutes les plantes ne perdent pas leurs feuilles en même tems ; parmi les grands arbres, le *frène* & le *noyer* dont la *feuil-laifon* eſt la plus tardive, ſe dépouillent néanmoins les premiers, de manière que le *noyer* ne porte ſouvent pas ſes feuilles plus de cinq mois.

Elles ſe deſſéchent, dès les premiers froids, ſur le *charme* & ſur le *chéne*, mais elles reſtent attachées aux branches, juſqu'à ce qu'elles ſoient chaſſées par les nouvelles qui ſe développent au printems. Dans les hivers doux, le *lilac*, le *troëne*, &c, conſervent leurs feuilles vertes pendant preſque tout l'hiver.

D'autres eſpèces d'arbres ou arbuſtes, ſont réellement *toujours verds*, on les nomme *ſemper virentes* ; ils conſervent leurs anciennes feuilles, long-tems après la formation des nouvelles, & ne les quittent que dans des tems indéterminés. En général, leurs feuilles ſont plus dures, moins ſucculentes que celles qui ſe renouvellent annuellement ; ces arbres habitent, la plupart, des pays chauds ; (l'*a-laterne*, le *chéne verd*). ARBRES TOUJOURS VERDS.

Quelques plantes vivaces, herbacées, jouiſſent du même privilége, & réſiſtent à la rigueur de l'hiver, (les *jouharbes*, les *ſedum*, *craſſula*) ; quelques-unes peuvent PLANTES GRASSES.

même se passer de terre, pendant un certain tems ; elles sont remplies de sucs que l'humidité de l'air renouvelle au moyen des feuilles, & qui suffisent à la végétation (*l*).

Si nous considérons les feuilles à l'extérieur, & plus rélativement à l'établissement des especes, nous distinguerons leur *forme* & leur *détermination*. Nous entendons, avec le Chev. LINNÉ, par *forme des feuilles*, leur structure & leur conformation externe ; par leur *détermination*, tout ce qui n'appartient pas à leur *forme*, mais à leur *disposition*.

DE LA FORME DES FEUILLES.

LES FEUILLES [folia], observées suivant *leur forme*, se divisent en *simples* & en *composées*.

FEUILLES SIMPLES.

Les feuilles simples [simplicia], sont celles dont le pétiole n'est terminé que par un seul épanouissement, c'est-à-dire ne porte qu'une seule feuille. *Voy.* Pl. 3.

(*l*) C'est par cette raison, que dans les tems médiocrement chauds, on ne doit presque pas arroser les plantes grasses qui pourrissent lorsqu'elles sont mouillées, si le soleil ne les seche pas promptement.

On confidére les feuilles fimples, de fept manieres différentes, fuivant 1°. leur *circonférence*; 2°. leurs *angles*; 3°. leurs *finus*; 4°. leurs *bordures*; 5°. leur *furface*; 6°. leur *fommet*; 7°. leurs *côtés*.

1°. *LA CIRCONFÉRENCE* [circum-fcriptio], eft le contour de la feuille obfervée abftraction faite des *finus* & des *angles*; ainfi l'on entend par là, toute figure qui fe préfente comme un anneau comprimé de diverfes manieres; en ce fens, on diftingue les feuilles,

Orbiculaires [folia orbiculata], qui font à peu près rondes, les bords égale-ment éloignés du centre : Pl. 3. Fig. 1.

Sousorbiculaires [fubrotunda], qui ont plus de largeur que de longueur; *ibid.* Fig. 2.

En forme d'œuf, *ovoïdes* [ovata] qui ont plus de longueur que de largeur ; *ibid.* Fig. 3.

En forme d'œuf renverfé [obversè-ovata], les mêmes renverfées, attachées au pétiole par leur partie étroite.

Ovales ou *elliptiques* [elliptica], plus longues que larges, égales en haut & en bas ; *ibid.* Fig. 4.

Oblongues [oblonga] , la longueur contenant plufieurs fois la largeur ; *ibid.* Fig. 5.

CIRCONFÉ-RENCE.

K iv

En forme de coin [cuneiformia], l'extrémité du coin du côté du pétiole ; Pl. 3. Fig. 45.

ANGLES. 2°. *LES ANGLES* [anguli], sont les parties saillantes d'une feuille considérée comme entiere ; il n'est donc question que de ses angles saillants, les angles rentrans sont compris, ci-après, dans les *sinus*. On distingue ici les feuilles,

Lancéolées, en *fer de lance* [lanceolata], celles qui sont rétrécies par l'extrémité & par la base ; *ibid.* Fig. 6.

Linéaires, *filiformes* [linearia], rétrécies par les extrémités, mais paralleles dans leur longueur ; *ibid.* Fig. 7.

Subulées, en *forme d'aléne* [subulata], les précédentes terminées en pointe ; *ibid.* Fig. 8.

Rhomboïdes, à quatre côtés ; les côtés correspondans paralleles, formant quatre angles, deux aigus, deux obtus.

Triangulaires, à trois angles ; *ibid.* Fig. 12.

Deltoïdes, à quatre angles ; *ibid.* Fig. 58 ; *quinquangulaires*, à cinq ; Fig. 20.

Oreillées [auriculata], avec deux appendices ou *oreilles* à la base, près du pétiole.

Arrondies [rotunda], sans aucun angle.

SINUS. 3°. *LES SINUS* ou *échancrures* [sinus], ce sont les échancrures des feuilles qui

forment dans leur difque , des angles rentrans ; en ce fens la feuille eft ,

En cœur , cordiforme [cordatum] ,
lorfqu'elle eft ovoïde & échancrée à fa
bafe ; Pl. 3. Fig. 10.

En cœur renverfé [obverfé-cordatum],
la même dont l'échancrure eft au fommet.

Réniforme [reniforme] , en forme de
rein ; *ibid.* Fig. 9.

En croiffant [lunulatum] , coupée
comme une faux ; *ibid.* Fig. 11.

En fer de flèche [fagittatum] , triangulaire , échancrée à fa bafe ; *ibid.* Fig. 13.

En fer de pique [haftatum] , la même
lorfque les pointes font un crochet vers
la bafe , en s'écartant confidérablement ;
ibid. Fig. 15.

N^a. Plufieurs caractéres font quelquefois réunis dans la même feuille ; on emploie alors des termes compofés , comme en *forme de cœur-ovale* , en *forme de
cœur-en fer de flèche* ; Pl. 3. Fig. 14 ;
en forme de *pique-en cœur.* La première
partie du mot compofé , annonce le caractére dominant , la feconde exprime
la modification particuliere.

En forme de violon [panduræ-forme];
ibid. Fig. 63.

Fendue en deux , en trois , &c. [bifi-
dum , trifidum] , &c.

Bilobée, *trilobée* [bilobatum, trilobatum], fendue, mais dont les angles font arrondis en lobes ; *ibid.* Fig. 17 & 19.

En deux ou trois découpures profondes [bipartitum, tripartitum].

Palmée [palmatum], en main ouverte ; *ibid.* Fig. 22.

Digitée ou en *éventail* [digitatum], à découpures profondes, formant de longs appendices, comme des doigts ; elle fe rapporte auffi aux feuilles *compofées* ; *Voy.* Pl. 4. Fig. 4.

Laciniée [laciniatum], déchiquetée en échancrures qui font elles-mêmes découpées dans leurs lobes ; Pl 3. Fig. 24.

Sinuée [finuatum], la même dont les lobes font peu découpées ; *ibid.* Fig. 25.

Entiere [integrum], celle qui n'a aucun *finus* ; *ibid.* Fig. 1, 3, 4.

BORDURE.   4°. *LA BORDURE* [margo], on entend par là, le *limbe* ou *bord* de la feuille, abftraction faite du *difque* ; en ce fens la feuille eft appellée,

Dentée [dentatum], quand fes bords ont des pointes horizontales, diftinctes, égales ; *ibid.* Fig. 30.

Dentelée [denticulatum], découpée en dentelures moins égales, & écartées les unes des autres.

A dents de fcie [ferratum], dont les

pointes font pofées & recourbées les unes fur les autres ; Pl. 3. Fig. 31 : quelque-fois ces dents font *émouffées* , quelque-fois elles font elles-mêmes *dentelées*.

Crenelée [crenatum] , quand la dent eft tournée en dehors , fans fe recourber ni vers la bafe , ni vers le fommet : *ibid.* Fig. 38. Ces dents font quelquefois *aigues* , Fig. 35 ; quelquefois *arrondies* , Fig. 36 ; quelquefois garnies elles-mêmes , de den-telures.

Cartilagineufe [cartilagineum] , quand les bords font diftingués par une efpèce de cartilage ; *ibid.* Fig. 34.

Ciliée [ciliatum] , garnie de poils pa-ralleles comme des cils ; *ibid.* Fig. 50.

Rongée [erofum] , Fig. 21 ; *frifée* [crifpum] ; *déchirée* [lacerum] ; felon les diverfes inflexions des dentelures.

Entiere , fans aucune dentelure ; *ibid.* Fig. 1 , 3 , 4 , &c.

5°. *LA SURFACE* ou *SUPERFICIE* SURFACE. [fuperficies] , eft la partie plane , le deffus ou le deffous de la feuille , c'eft-à-dire fon écorce.

Le deffus de la feuille eft conftamment tourné vers le ciel , & s'appelle *partie fupérieure* ; le deffous regarde la terre , & fe nomme *partie inférieure*.

La *partie fupérieure* a ordinairement

une superficie plus lisse, d'un verd plus foncé, & des nervures exprimées en creux ; les *côtes* de la partie *inférieure*, sont le plus souvent, en relief & saillantes ; mais cette régle n'est pas générale ; quelques feuilles ont des côtes saillantes en dessus, & creuses en dessous, on les nomme, *folia bullata*, (plusieurs *sauges*).

D'autres, comme celles des plantes grasses, des *oignons* & de plusieurs *liliacées*, n'ont sur aucune de leurs parties, les nervures saillantes qu'on trouve sur presque toutes les feuilles des arbres.

La feuille considérée rélativement à sa surface, s'appelle,

Nerveuse [nervosum], lorsqu'elle a des côtes ou nervures, Pl. 3. Fig. 53 ; *plissée* [plicatum]; *ondée* [undulatum]; *ridée* [rugosum], Fig. 51 ; *veinée* [venosum], Fig. 52 ; ces épithetes n'ont pas besoin de définition.

Glabre [glabrum], lorsqu'elle est sans poil ; elle est alors *lisse*, *lustrée* ou *brillante*.

Cotonneuse ou *drapée* [tomentosum], lorsqu'elle est couverte de poils que la vue ne distingue pas, mais que le tact annonce ; *ibid.* Fig. 48.

Velue [villosum], couverte de poils visibles ; *ibid.* Fig. 47.

Lanugineuse [lanuginofum], reffemblant au toucher à de la laine.

Hériffée [hifpidum]; couvertes de poils
fragiles & roides; elle eft alors, ou *ra-
boteufe* [fcabrum]; ou *piquante* [fpino-
fum]; *garnie de mammelons* [papillo-
fum], Fig. 54; de *glandes*, de *filets* (*m*).

Nue [nudum], lorfqu'elle n'a, à fa
furface, aucun des fignes précédens.

N^a. RAI a diftingué une famille naturelle, par le caractère des feuilles *rudes
au toucher*, fous le nom *d'afperi-folia*; c'eft
la claffe des *bugloffes*, des *bourraches*, &c.

6°. *LE SOMMET* [apex], eft l'extré- SOMMET.
mité fupérieure d'une feuille qui, en ce
fens, eft *tronquée* [truncatum], quand
fon fommet eft coupé par une ligne tranf-
verfale.

Emouffée [retufum], quand il eft terminé par une échancrure obtufe; Pl. 3.
Fig. 46.

Échancrée [emarginatum], quand le
fommet eft réellement entaillé; fi l'entaille forme deux pointes [acutè-emargi-
natum]; *ibid.* Fig. 44.

Aigue [acutum], Fig. 41; *pointue*
[acuminatum], Fig. 42; *obtufe* [obtu-
fum], Fig. 40; *obtufe avec une pointe*
[obtufum acumine], Fig. 43.

(*m*) Voyez ci-après *fupports*, *glandes*.

Côtés.   7°. *LES COTÉS* [latera], ce mot eſt pris pour le *port* général de la feuille , de ſorte que pour appercevoir ſes *côtés*, il faut la conſidérer dans une direction perpendiculaire ; ſous ce point de vue , elle varie, & ſe nomme ,

Cylindrique [teres], lorſqu'elle imite un cylindre , excepté dans ſon ſommet qui ſe termine en pointe ; Pl. 3. FIG. 62.

Fiſtuleuſe [fiſtuloſum , tubuloſum], lorſque le cylindre eſt creux en dedans.

Charnue [carnoſum] , remplie de *pulpe* ou ſubſtance charnue.

Membraneuſe [membranoſum], ſans pulpe entre les membranes.

Déprimée , *comprimée* , *plane* , ſelon les divers applatiſſemens.

Suivant ſes diverſes éminences , *convexe* ou *concave*.

Nª. Ce caractére varie quelquefois ; M. BONNET a obſervé que la ſurface de pluſieurs feuilles *planes*, devient *concave* , lorſqu'elles ſont expoſées au ſoleil.

Ombiliquée [umbilicatum] , lorſque toutes les nervures partent d'un même centre concave.

A trois côtés [triquetrum] , Pl. 3. FIG. 59 ; en *épée* , en *glaive* [acinaciforme] , FIG. 56 ; en *gouttiére* , en *ſillon* [ſulcatum] , FIG. 61 ; *cannelée* , [cana-

ſiculatum ,] Fig. 60; *ſtriée* [ſtriatum];
à *deux tranchans* [anceps] ; en *ſabre* , en
couteau [dolabriforme] ; Fig. 57.

Carinée [carinatum] , en forme de
carêne , c'eſt-à-dire , creuſée dans le milieu , & relevée par le bout.

FEUILLES COMPOSÉES.

Les feuilles compoſées [compoſita] ,
ſont celles dont le pétiole eſt terminé
par pluſieurs épanouiſſemens , c'eſt-à-dire ,
celles qui ſont formées de la réunion de
pluſieurs feuilles ; on nomme *folioles* , les
petites feuilles qui les compoſent : *Voy.*
Pl. 4.

Il faut obſerver que les folioles ſont
elles-mêmes de petites feuilles ſimples , &
qu'elles varient dans leur forme , ſelon les
ſept diſtinctions que l'on vient d'établir.
Elles ſont pareillement ou *pétiolées* ou
ſeſſiles ſur le pétiole commun qui les
porte.

La feuille compoſée ſe diviſe en *compo-*
ſée proprement dite , en *recompoſée* & en
ſurcompoſée.

1°. *LA FEUILLE COMPOSÉE PRO-* PROPRE-
PREMENT DITE [compoſitum] , eſt MENT DITE.
celle qui n'eſt qu'une fois compoſée , ce
qui arrive de différentes manieres , & lui
fait donner différentes dénominations ;

Binée [binatum] , lorſqu'on trouvè deux folioles ſur un pétiole commun ; *Voy*. Pl. 4. Fig. 1 ; *ternée* , lorſqu'elle a trois folioles *ſeſſiles* , *ibid*. Fig. 2 ; ou *pétiolées* , Fig. 3.

Sur un *pied* [pedatum] , quand pluſieurs folioles ſe réuniſſent , à leurs baſes , ſur un pétiole commun ; Fig. 5.

Digitée [digitatum] , ſi les folioles réunies à leurs baſes , ſont longues & de la forme d'un doigt ; Fig. 4.

Ailée , *empennée* , *pinnée* [pinnatum] , compoſée de folioles rangées en maniere d'ailes , des deux côtés , & le long d'un pétiole commun , *ibid*. Fig. 6 , 7 , 8 , &c.

Ailée par interruption [interruptè-pinnatum] , ſe dit lorſque les folioles ſont de grandeurs inégales ; *ibid*. Fig. 9.

La feuille *ailée* eſt quelquefois terminée par une foliole ſeule , qu'on nomme *impaire* , *ibid*. Fig. 6 ; quelquefois par deux de ſes folioles *oppoſées* , *ibid*. Fig. 7 ; quelquefois par un ou pluſieurs filets appellés *vrilles* , *mains* ; *ibid*. Fig. 10.

La feuille *ailée* eſt tantôt *alterne* , *ibid*. Fig. 8 ; tantôt *oppoſée* , *ibid*. Fig. 6.

Conjuguée [conjugatum] , c'eſt celle dont les folioles latérales ſont attachées par paire , *ibid*. Fig. 11 : On l'appelle
bijuguée ,

bijuguée, *trijuguée*, suivant le nombre de ses *conjugaisons*.

Courante [decursivè pinnatum], lorsque les folioles se prolongent sur la tige, *voy*. Pl. 4. Fig. 12 (*n*) ; formant quelquefois des articulations, *ibid*. Fig. 13.

En maniere de lyre [lyratum], composée d'une seule feuille, découpée comme la feuille *ailée*, mais les découpures inférieures sont écartées des supérieures, & ordinairement plus étroites ; *ibid*. Fig. 14.

2°. *LA FEUILLE RECOMPOSÉE* [decompositum], est en quelque sorte *composée* deux fois ; son pétiole, au lieu de porter des folioles de chaque côté, porte des filets ou petits pétioles, d'où sortent à droite & à gauche, des folioles ; *ibid*. Fig. 16. & 17.

Les filets latéraux portent quelquefois trois folioles ; *ibid*. Fig. 15.

Quelquefois, des folioles rangées en maniere d'ailes ; *ibid*. Fig. 16.

3°. *LA FEUILLE SURCOMPOSÉE* [supra-decompositum] est plus de deux fois *composée*, en ce que les filets latéraux, au lieu de porter des folioles, se divisent encore en d'autres filets d'où

(*n*) Voy. *insertion*, pag. 163.

Part. I.　　　　　　　　L

naissent les folioles , Pl. 4. Fig. 18. & 19.
Ces filets sont, comme dans la précédente,
deux ou trois rangés sur leur filet particulier, & se terminent ou par deux folioles ;
Fig. 18 ; ou par une *impaire* , Fig. 19.

DE LA DÉTERMINATION

OU DISPOSITION DES FEUILLES.

La détermination des feuilles comprend quatre objets : 1°. le *lieu* ; 2°.
leur *insertion* ; 3°. leur *situation* ; 4°.
leur *direction*.

LIEU.   1°. *LE LIEU* [locus] ; on appelle
ainsi la partie où s'attache la feuille. En
ce sens elle est ,

Florale [florale], lorsqu'elle est près
de la fleur , & ne paroît qu'avec elle ;
Pl. 5. Fig. 2. Lett. *ff.*

Rameuse [ramosum ,] celle qui part
des rameaux ; Pl. *id.* Fig. 2. Lett. *bb.*

Caulinaire [caulinum] , celle qui tient
à la tige ; *ibid.* Lett. *ccc.*

Subalaire [subalare] , celle qui vient
sous les aisselles des branches ; *ibid.*
Lett. *aa.*

Radicale [radicale] , celle qui vient
immédiatement de la racine , sans adhérer à la tige ; *ibid.* Lett. *d.*

Séminale ou *cotyledon* [seminale] ,

elle fort immédiatement de la femence germée; elle eft produite par fes lobes; *ibid.* Lett. *e e* (*o*).

2°. *L'INSERTION* [infertio]; on en-tend par là, la maniere dont la feuille s'attache à la plante; on l'appelle, Insertion:

Pétiolée [petiolatum], lorfqu'elle s'y attache par une queue, qu'on nomme *pétiole*; Pl. 5. Fig. 3. Lett. *g* , *i*.

Seffile [feffile], lorfqu'elle s'infère dans la plante, fans avoir de pétiole; *ibid.* Fig. 3. Lett. *e*.

En rondache [peltatum], lorfque le pétiole s'attache au difque, & non à la bafe ou aux bords de la feuille; *ibid.* Lett. *h* , *i* , *m*.

Courante [decurrens], feuille qui fuit la tige, de maniere qu'elle y eft collée depuis la bafe jufqu'à fon milieu, & qu'elle eft libre depuis fon milieu jufqu'à fon extrémité; *ibid.* Fig. 3. Lett. *f*, *k*.

Amplexicaule [amplexicaule], lorfque par fa bafe, elle embraffe le tour de la tige, comme il arrive dans les feuilles en *cœur*, en *flèche*; *ibid.* Lett. *d*.

Perfeuillée [perfoliatum], lorfqu'elle eft enfilée dans fon difque, par la tige, fans y adhérer par fes bords; *ibid.* Lett. *c*.

______

(*o*) Voy. ci-deffus *cotylédons* , pag. 52.

Cohérentes [connata folia] , quand deux feuilles opposées l'une à l'autre fur la tige , s'uniffent par leur bafe ; Pl. 5. Fig. 3. Lett. *b*.

En gaine [vaginans] , lorfque la bafe forme une efpèce de tuyau qui entoure la tige ; *ibid.* Lett. *a* , *a*.

SITUA-TION. 3°. *LA SITUATION* [fitus] , fe dit de la pofition refpective des feuilles entr'elles ; ainfi elles font ,

Articulées [articulata] , lorfqu'elles fortent du fommet les unes des autres ; *ibid.* Fig. 4. Lett. *g*.

Verticillées [verticillata] , lorfqu'elles font rangées en anneau , autour de la tige ; *ibid.* Lett. *e*.

Étoilées [ftellata] , lorfqu'il y en a plus de fix *verticillées* ; *ibid.* Lett. *f*.

Ternées , *quaternées* , *quinées* , trois , quatre , cinq *verticillées*.

Geminées [gemina] , deux feuilles qui fortent enfemble. *Oppofées* [oppofita] , deux feuilles dont les pétioles font attachés fur les tiges , à la même hauteur , & vis-à-vis les uns des autres ; *ibid.* Fig. 1. Lett. *a a* , *b b* , *c c* , & la Fig. 5.

Alternes [alterna] , dont les pétioles font rangés par degrés fur la tige , & difpofés de côté & d'autre alternativement ; *ibid.* Fig. 4. Lett. *d d* , *c c*.

Éparses [sparsa], disposées sans ordre ou entassées ; Pl. 5. Fig. 4. Lett. *a.*

Imbriquées, *tuilées* [imbricata], rangées en maniere de tuile ; Fig. 4. Lett. *h.* *en faisceau* [fasciculata]. Lett. *b.*

Conglobées [conferta] ramassées en forme de boule.

En spatule [spatulata] ; *ibid.* Fig. 7.

En parabole [parabolica] *ibid.* Fig. 8.

N^a. On appelle *feuillage* [frons], les feuilles qui sont confondues avec les fleurs , les fruits , les tiges & les branches. (*fougeres*) (*p*).

4°. *LA DIRECTION* [directio], c'est l'expansion de la feuille considérée dans toute son étendue, sans avoir égard à sa forme réelle ; Pl. 5. Fig. 1. en ce sens une feuille est appellée ,

Arquée [inflexum], quand elle se tourne vers la plante ; *ibid.* Fig. 1. Lett. *ff.*

Droite [erectum], quand elle approche de la perpendiculaire ; *ibid.* Lett. *ee.*

Ouverte [patens], quand elle s'en écarte ; Fig. 1. Lett. *dd.*

Horizontale [patentissimum], quand elle s'en écarte absolument, & parallellement à l'horizon ; *ibid.* Lett. *cc.*

Oblique [obliquum], lorsque les deux bords de la feuille deviennent verticaux,

(*p*) Voy. ci-après, *tronc.* p. 177.

DIREC-
TION.

L iij

de sorte que la base de la feuille a une espèce d'entorse, (le *houx frelon*, la *fritillaire de Perse*).

Réfléchie, *rabattue* [reflexum], quand la feuille s'incline, de maniere que sa base est plus haute que son sommet ; *ibid.* Lett. *b b.*

Repliée [revolutum], lorsqu'elle se roule en dedans, par le sommet ; *ibid.* Lett. *a a.*

Flottante [natans], celle qui surnage l'eau.

SOMMEIL DES PLAN-TES. *OBSERV.* La direction des feuilles éprouve des changemens pendant la nuit, sur quelques plantes. Si dans une nuit d'été, un Botaniste accoutumé au *port* habituel des plantes, examine celles qui couvrent une prairie, il en voit plusieurs qu'il ne sauroit reconnoître à ce carac-tère. La même chose arrive, lorsque la fraicheur ou l'humidité du jour, répond à celle de la nuit.

Le changement de direction est sur-tout sensible dans les feuilles *composées.* Pendant la chaleur du jour, les folioles opposées des feuilles *ailées*, se relevent sur leur pétiole commun, & forment avec lui, un angle droit, en rapprochant leurs surfaces supérieures. Si le ciel se couvre, elles se rabattent, & s'étendent sur le même plan que leur pétiole commun.

Pendant la nuit, elles s'abbaissent encore plus, & s'unissent en dessous du pétiole commun, comme les feuillets d'un livre, en s'appliquant les unes contre les autres, par leurs surfaces inférieures, tandis que la foliole impaire, placée à l'extrémité de la feuille, se replie pour venir toucher les bords des premieres folioles. C'est là ce que le Chev. LINNÉ nomme le *sommeil* des plantes (*q*).

Cette derniere direction varie dans les *réglisses* & dans le *faux acacia* [robinia. pseudo-acacia *L.*]. Les folioles sont précisément pendantes, durant la nuit; celles de la *sensitive* [mimosa pudica], s'étendent sur leur pétiole commun longitudinalement, & en recouvrement les unes sur les autres. Les folioles de plusieurs espèces de *trèfles*, de *luzernes*, de *lotiers*, ne se rejoignent que par leurs sommets, & laissent entr'elles une cavité qui renferme les jeunes fleurs, pour les mettre à l'abri des injures du tems.

La même chose s'observe dans quelques feuilles simples ; les feuilles supérieures de *l'arroche* [atriplex hortensis *L.*], se rapprochent pendant la nuit, s'unissent perpendiculairement, embrassent la jeune pousse, & ne se déploient que lorsque le soleil a dissipé l'humidité de l'air.

(q) *Somnus plantarum*, Amæn. T. IV. p. 333.

L'action du soleil influe encore différemment fur ces mêmes feuilles, & fur celles de la *mauve* & du *trefle* ; elles fuivent fon cours, à la maniere des fleurs *héliotropes* (*r*), en lui préfentant toujours leur furface extérieure.

Mais la température de l'athmofphere n'eft pas la feule caufe qui altére la direction des feuilles. Tout le monde connoît le mouvement de contraction , qu'éprouvent quelques plantes, principalement la *fenfitive*, lorfqu'on leur donne une légére fecouffe. Ce mouvement femble avoir quelques rapports avec l'*irritabilité* de certaines parties animales.

Si l'on donne un coup, une fecouffe prompte , à l'extrémité de la plante , (le matin fur-tout , & lorfque le fujet eft dans fa vigueur) , le pétiole particulier de chaque foliole fe contracte ; les folioles s'appliquent les unes contre les autres ; le pétiole commun , également contracté , fe rapproche de la tige , les jeunes rameaux l'embraffent ; toute la plante fe refferre & fe roidit , de maniere qu'on romproit plutôt fes branches, que de leur rendre fur le champ , leur direction qu'elles reprennent enfuite d'elles-mêmes. L'irritabilité de la *fenfitive* eft telle , que l'exhalaifon des liqueurs fortes & volatiles

(*r*) Voy. ci-deffus pag. 142.

suffit pour faire contracter ses feuilles (*s*).

Ces observations ne sont pas étrangé-res à la Botanique, elles conduisent à fixer le *caractére habituel* des plantes, & à faire distinguer leur *port* en tout tems.

IIIº. DES SUPPORTS

OU POINTS D'APPUI.

ON appelle *SUPPORTS* [fulcra], les parties extérieures de la plante, qui servent à la défendre, à la soutenir, ou à faciliter quelque excrétion. On en distingue trois qui lui servent de *soutiens*, six qui lui servent de *défenses* & deux, de *vaisseaux excrétoires* : *Voy*. Pl. 6. Quelques plantes sont totalement dépourvues des uns & des autres.

LES SUPPORTS considérés comme *soutiens*, sont,   SOUTIENS.

1º. *LE PÉTIOLE* [petiolus] ou la queue des feuilles (*a*); *Voy*. Pl. 5. Fig. 3. Lett. *i*.   PÉTIOLE.

2º. *LE PÉDUNCULE* [pedunculus] ou la queue des fleurs (*b*); Pl. 2. Fig. 1. Lett. *c*.   PÉDUN-CULE.

(*s*) Voy. *Physique des arbres*, T. 2. p. 163.
(*a*) Voy. ci-dessus *queue des fleurs*, pag. 144.
(*b*) Voy. ci-dessus, *disposition des feuilles*, pag. 138.

3°. *LA HAMPE* [scapus], espèce de péduncule qui ne porte que les parties de la fructification, & jamais de feuilles ni de branches ; elle part immédiatement de la racine. On peut la considérer comme une sorte de tige (*c*). *Voy.* Pl. 6. FIG. 2. LETT. *a a.*

DÉFENSES.   *LES SUPPORTS* considérés comme *défenses*, sont,

STIPULE.   1°. *LA STIPULE* [stipula], petite production qui naît à l'insertion des pétioles ou des péduncules, ou qui forme le bouton (*d*) ; *Voy. ibid.* FIG. 5, *les stipules*, LETT. *b* ; *différentes de la feuille*, LETT. *d.*

Le Chev. LINNÉ a le premier distingué botaniquement les stipules ; elles sont quelquefois de même nature que les feuilles, & placées à leur insertion ; deux à deux, *géminées* [geminæ], *ibid.* FIG. 5. LETT. *b* ; *orbiculaires*, *linéaires*, en cœur ou en flèche, (dans plusieurs *papilionacées*) ; quelquefois *solitaires*, (dans le *houx frelon*).

Elles forment une espèce de fraise *perfeuillée* qui entoure les branches du *platane.* Elles sont *ovales*, *obtuses*, dans le *noisetier* ; *longues*, *pointues* dans le *né coupé*, &c.

(*c*) Voy. ci-après, *tronc.*
(*d*) Voy. ci-après, *bourgeons.*

Les unes tombent avant les feuilles [deciduæ] ; les unes subsistent jusqu'à leur chûte, [persistentes].

Nᵃ. Les stipules sont d'un grand secours pour distinguer les espèces de certains genres ; c'est ainsi que le *mélianthe* d'Afrique & celui d'Æthiopie, sont caractérisés, le premier, par des stipules *solitaires*, le second, par des stipules *géminées*.

2°. *LA FEUILLE FLORALE, BRACTÉE* [bractea], petite feuille distinguée des autres, par sa forme, & souvent par sa couleur ; elle ne paroît qu'avec la fleur, & l'accompagne comme dans le *tilleul* ; *Voy.* Pl. 6. Fig. 8. Lett. *a, a. bractées différentes des feuilles*, *b, b*.

Nᵃ. Les bractées servent à la distinction des espèces, sur-tout dans les genres nombreux, tels que celui des *moldaviques* [dracocephalum *L.*]. Elles caractérisent la *lavande*, le *stœchas*, le *mélampryum*, la *couronne impériale*, & forment au-dessus de leurs fleurs, une touffe de feuilles qu'on nomme, *chevelure* [coma].

3°. *L'AIGUILLON* ou *piquant* [aculeus], est une production dure, terminée par une pointe fragile, placée sur les tiges & sur les branches ; *Voy.* Pl. 6. Fig. 6. Lett. *a a*. Il est quelquefois *recourbé*; quelquefois *triple*, *ibid.* Lett. *b b*.

L'aiguillon se développe avec les autres parties de la plante, & paroît être une prolongation de l'aubier (*e*) ou de l'écorce, puisqu'il se détache avec elle de la tige, (l'*épine vinette*, la *ronce*). M. DUHAMEL le compare aux ongles des animaux.

ÉPINE.   4°. *L'ÉPINE* [spina], est une production dure, quelquefois ligneuse, toujours adhérente au corps de la plante dont on ne peut détacher l'une, sans déchirer l'autre. Elle est donc une expansion du corps ligneux (*f*), & peut être comparée aux cornes des animaux, qui adhérent aux os du crâne (*g*).

L'épine est ou *simple*, Pl. 6. FIG. 9. LETT. *a*; ou *triple* LETT. *b*.

Quelques épines sont distribuées sur les tiges & sur les branches, (l'*oranger*); d'autres sur les pétioles, (le *robinia*); d'autres sur les feuilles, (le *houx*); sur leurs nervures, (plusieurs *solanum*); sur les calices, (la *mélongéne*); sur les fruits, (les *châtaigniers*), &c.

Quelques plantes perdent leurs épines : les tiges du *poirier sauvage*, par la culture; les feuilles du *houx*, en vieillissant.

(*e*) Voy. ci-après, *organisation interne. Aubier, écorce.*
(*f*) Voy. ci-après, *organisation interne. Bois.*
(*g*) M. DUHAMEL, *Mém. Académ.* ann. 1751.

5°. *LES ÉCAILLES* [squamæ], pro- ÉCAILLES.
duction qu'on peut comparer aux écailles
de poisson séches, coriacées. Elles forment l'enveloppe du bouton (*h*) ; on en
trouve dans les chatons, dans quelques
calices, dans des racines bulbeuses (*i*).
l'écorce des plantes est quelquefois *écail-
leuse* ; *Voy*. Pl. 6. Fig. 1. Lett. *a a*.

6°. *LES VRILLES* ou *MAINS* [cirrhi, VRILLES.
capreoli, claviculæ], font des productions filamenteuses, au moyen desquelles
certaines plantes [cirrhosæ] s'attachent à
d'autres corps. Elles font formées du
prolongement du péduncule ou du pétiole , & organisées comme eux. Leur figure
est celle d'un filet le plus souvent roulé
en *tire-bourre* , & qui s'attache en spirale,
autour des corps étrangers , (la *vigne* ,
plusieurs *papilionacées*) ; *Voy*. Pl. 6. Fig.
5. Lett. *a a a*.

La vrille est quelquefois opposée aux
feuilles , (la *vigne*) ; quelquefois à côté
du pétiole , (la *fleur de la passion*) ;
quelquefois elle part des feuilles mêmes ,
(*l'ochre*) ; elle est ou simple , *monophille* ,
(la *vesce*) ; ou composée & divisée en
deux, en trois filets , *diphille* , *triphille* ,
(la *gesse*).

(*h*) Voy. ci-après , *bourgeon*.
(*i*) Voy. ci-après , *bulbe*.

Dans la *vigne vierge*, la *bignonia*, le *lierre*, les vrilles font des efpèces de griffes qui s'implantent, comme des racines, dans les murailles ou dans l'écorce des arbres voifins; Pl. 6. Fig. 1. Lett. *b b b*.

VAISSEAUX EXCRÉTOIRES.

LES SUPPORTS confidérés comme *vaiffeaux excrétoires* font;

GLANDES.

1°. *LES GLANDES* [glandulæ] petits corps vefficuleux qu'on trouve fur les feuilles, & fur les jeunes tiges de plufieurs plantes. M. GUETTARD qui le premier, les a examiné en Phyficien & en Botanifte, en a diftingué fept efpèces principales :

1°. Glandes en veffie (dans la *glaciale*); 2°. en écailles (*la fougére*); 3°. en globules (les *labiées*); 4°. en lentilles (le *bouleau*); 5°. en petits grains milliaires (le *fapin*). Ces cinq efpèces examinées à la loupe, paroiffent fupportées par des pédicules. 6°. En godet (*l'abricotier*); 7°. en petites outres (la *gaude*); ces dernieres font feffiles, *Voy.* Pl. 6. Fig. 7. Lett. *a. Glandes pédiculées.* Pl. 6. Fig. 5. Lett. *c c. Glandes feffiles, concaves.*

Les glandes font diverfement fituées fur les parties des plantes ; la plupart fe trouvent fur les feuilles & à leurs bords. On trouve des *vefficulaires*, fous quel-

ques calices (le *mille-pertuis*) ; Les *len-
ticulaires* font diftribuées fur les jeunes
pouffes ; les glandes *concaves* ou à *godet*,
fur le pétiole, ou à la bafe des feuilles,
(*pécher*, *cerifier*), &c.

Tous ces corps paroiffent produits par
le renflement de quelques portioncules
du tiffu cellulaire. Il fuinte de plufieurs,
une liqueur vifqueufe, ou bien on y trouve une pouffiére blanche & des fils formés du défféchement de cette liqueur.
De là on a conclu qu'ils étoient les organes de quelque fécrétion, mais il n'eft
pas prouvé qu'ils foient reftreints à cette
fonction.

Nª. Les glandes fourniffent des caractères effentiels à la diftinction de plufieurs plantes, comme le *bois de Ste. Lucie*,
l'*amandier*, les *caffies*, les *fenfitives*, &c.

2°. *Les poils* [pili] font de petits Poils.
filets plus ou moins courts, plus ou moins
folides, quelques-uns vifibles aux yeux,
d'autres feulement au moyen de la loupe. Prefque toutes les parties des plantes,
fur-tout les jeunes tiges, obfervées de
cette maniere, paroiffent recouvertes de
poils (*e*).

Ils fe préfentent fous plufieurs formes variées, *cylindriques* dans plufieurs

(*e*) Voy. ci-deffus *furface des feuilles*, pag. 156 & 157.

légumineuses ; terminés en pointe, dans les *mauves* ; en deux pointes courbées, dans quelques *fleurs* à *fleuron* ; en hameçon, dans l'*aigremoine* ; *subulés & articulés*, dans l'*ortie*, &c.

Les poils sont peut-être appellés à quelque sécrétion organique, mais plus vraisemblablement ils préservent les parties des plantes de l'action des frottemens, du vent, de la chaleur & du froid.

N^a. M. Guettard a montré par le plan d'une méthode Botanique, fondée sur les *glandes* & sur les *poils*, que ces parties sont assez constamment uniformes dans toutes les plantes congénéres.

IV° *DU TRONC.*

Le *Tronc*, [truncus], n'est autre chose que la *plumule* de la semence, développée, étendue & augmentée par la nutrition (*a*). Il part de la racine à qui il est réuni par une partie qu'on nomme *le collet* ; il s'éleve verticalement, ou s'étend horizontalement à la surface

(*a*) Voy. ci-dessus, *semence* ; *organisation interne*. pag. 51.

de

de la terre ; il fournit les branches, les feuilles, les fleurs & les fruits.

Quelques plantes en font dépourvues ; la plante *sans tronc*, fe nomme, *acaulis*, *acaulos* ; les fleurs, les feuilles & leurs pédicules, partent directement du collet de la racine.

On diftingue plufieurs efpèces de troncs : la *tige*, le *chaume*, la *hampe*, les *pétioles* & les *péduncules* ; ces trois derniers ont été décrits parmi les fupports (*b*).

Le Chev. LINNÉ en admet encore deux autres, fous le nom de *frons* & de *ftipes* ; le premier convient aux *palmiers* & aux *fougéres* dont les rameaux, les feuilles & fouvent la fructification, font réunis ; *Voy.* Pl. 1. Fig. 16. Le fecond fert de bafe au précédent, fe trouve dans les mêmes plantes & dans les *champignons* ; *ibid.* Fig. 17. Confidérons la *tige* & le *chaume*.

1°. *LA TIGE* [caulis], eft *fimple* ou compofée.

LA TIGE SIMPLE s'éleve de la racine fans interruption, de diverfes manieres : *entiére* (*integer*), fans aucune branche, c'eft la *hampe* ; *Voy.* Pl. 6. Fig. 2. Lett. *a a*.

Nue [nudus], fans aucune feuille ; *feuillée* [foliatus], avec des feuilles.

(*b*) Voyez ci-deffus pag. 169. & fuiv.

Part. I.   M

Droite [erectus] ; *penchée* [reclinatus] ; *courbée* [procumbens] ; *rampante* [repens] ; *entortillée* [volubilis] : Pl. 6. Fig. 4. Lett. *b b. Sarmenteuse* , imitant le sarment.

Grimpante [scandens] , qui s'attache par des *vrilles* ou espèces de racines , sur les corps contre lesquels elle monte (*c*) ; Pl. 6. Fig. 1. Lett. *bb* ; *rameuse* [ramosus] , qui se ramifie.

En considérant sa surface , elle est appellée *glabre* [glaber] , sans poil ; *gluante* [viscidus] ; *velue* , *rude* , *raboteuse* , *hérissée* de poils , &c. (*d*); & suivant sa consistance , *ligneuse* [lignosus] , ou *herbacée* [herbaceus].

Selon sa forme : *arrondie* , *cylindrique* [teres] ; *cannelée* [striatus] ; *rayée* , *plissée* , &c. à deux angles marqués [anceps] ; *fistuleuse* , *en tuyau* [fistulosus].

COMPOSÉE. *LA TIGE COMPOSÉE* , est celle qui , en se ramifiant , cesse de paroître une tige.

On appelle *fourchue* [dichotomus] , la tige qui se bifurque , & *dichotomia* , le point de la division ; *distichus* , celle qui se partage en deux rangs de branches ; *divisée* [divisus] , lorsqu'elle se divise en petites branches.

(*c*) Voy. ci-dessus *vrilles* , pag. 173.
(*d*) Voy. ci-dessus *surface des feuilles*, pag. 156 & suiv.

Les *branches* [rami] , sont diversement disposées , *élevées* , *recourbées* , *rapprochées* du tronc , *écartées* , *diffuses* , *alternes* , *opposées* , *éparses* , *verticillées* d'étage en étage , &c. (*e*).

2°. *LE CHAUME* [culmus] , espèce de CHAUME. tuyau ou de tige fistuleuse , destinée aux plantes *graminées* ; *Voy*. Pl. 6. Fig. 3.

Le collet de la racine du chaume , est composé de nœuds qui produisent plus ou moins de jets qu'on nomme *talles*. Lorsque les engrais , les labours & la saison favorable , ont fait jetter à la racine d'un grain de bled , beaucoup de tuyaux , on dit qu'il a bien *tallé*.

Le chaume est souvent *articulé* , c'est-à-dire , coupé par des nœuds distribués de distance en distance. Il est souvent aussi , garni de feuilles que les Agriculteurs appellent *fane* ; elles sont ou *radicales* , ou *caulinaires* ; celles - ci sont ordinairement *amplexicaules* , & partent toujours des articulations.

Le chaume est quelquefois *écailleux* (*squamosus*) , c'est-à-dire , couvert d'écailles en recouvrement.

On nomme *feuillé* [foliatus] , celui qui est garni de feuilles ; *nud* [nudus] ,

(*e*) Voy. pour l'intelligence de ces termes , *la disposition des fleurs* , ci-dessus pag. 139 , 142 , &c.

celui qui n'en a point ; *entier* [integer], celui qui n'a aucune espèce de branche ; *fans nœud* [enodis], lorsqu'il n'eft point interrompu par des articulations ; *articulé* [articulatus], lorsqu'il a des nœuds ; Pl. *id.* Fig. 3. Lett. *a a a* ; l'efpace contenu entre deux nœuds , fe nomme *interno-dium*.

V°. *DE LA RACINE.*

LA *Racine* [radix], eft un organe doué d'une grande force de fuccion, & deftiné à pomper une partie des fucs néceffaires à l'accroiffement & à l'entretien des plantes.

C'eft le développement de la *radicule* (*a*) qui prend fon accroiffement dans la terre (*Voy.* Pl. 7) perpendiculairement ou horifontalement, & jamais verticalement, excepté dans l'*upata* du Sénégal, dont les racines fe replient fur elles-mêmes, & s'élevent à un pied au-deffus du terrein.

PLANTES PARASITES.

Toutes les racines ne font pas fixées dans la terre ; quelques-unes, comme celles du *gui*, de l'*hypocifte*, de la *cuf-*

(*a*) Voy. ci-deffus *femence*, *organifation interne*, pag. 51.

cute, &c. font attachées à d'autres plantes ; le *gui* , aux branches des arbres ;
l'*hypociste* , aux racines , fur-tout du *ciste* ;
la *cuscute* , aux tiges de toutes fortes de
plantes , quoiqu'on l'ait nommée *épithy-
me* , comme fi elle ne fe trouvoit que
fur le *thim*. Ces plantes fe nomment *parafites* (parafiticæ).

Leur maniere de fe fixer , n'eft pas
uniforme. La femence de la *cuscute* , germe
& leve dans la terre ; fa tige s'accroche
à la premiere plante qu'elle rencontre ;
elle eft garnie de petits mammelons , ef-
pêces de fuçoirs qui lui fervent en même
tems à fe cramponner , & à tirer des fucs
nourriciers ; bientôt le pied de la *cuscute*
fe defféche ; fa premiere racine meurt , &
la plante continue de vivre aux dépens de
celle qui la fupporte (*b*).

Le *gui* au contraire , & l'*hypociste*
levent fur l'arbre même , étendent leurs
racines fous l'écorce , & pénétrent infen-
fiblement jufques dans le corps ligneux.

De petits tubercules , autres *parafites*
que M. DUHAMEL regarde comme des
truffes , jettent des racines fibreufes , qui
pénétrent les oignons du *fafran* , en fucent
toute la fubftance , & le font périr fi

____

(*b*) Voy. *Mém. de M.* GUETTARD , Acad. an. 1744.

promptement, que cette maladie a été nommée *la mort*.

Quelques racines s'attachent aux corps les plus durs : les *mousses*, sur des écorces, les *lichens*, sur la pierre, se nourrissant sans doute de l'humidité de l'air, pompée par leurs feuilles ou par leurs branches ; d'autres plantes surnagent l'eau, sans adhérer à la terre (la *lentille d'eau*) ; d'autres enfin paroissent totalement dépourvues de racines (le *byssus*, le *nostoc*, ou *flos-cœli*).

Mais le plus grand nombre des racines subsiste dans la terre ; on en distingue trois espèces : les *bulbeuses*, les *tubéreuses*, les *fibreuses*.

RACINE
BULBEUSE.

1°. *LA RACINE BULBEUSE* [bulbosa], est ordinairement appellée *oignon*, encore mieux, *bulbe* [bulbus], eu égard à la substance dont elle est composée ; sa forme est ronde ou ovale. On trouve à sa partie inférieure, une portion charnue d'où partent des racines fibreuses ; *Voy.* Pl. 7. Fig. 3. Lett. *d d d*.

Cette portion est, à proprement parler, la vraie racine, & la bulbe est le berceau de la tige qui doit se développer. Après avoir donné des fleurs, un certain nombre de fois, la bulbe périt ; mais elle se renouvelle avant ce tems, en produisant à ses côtés, de petites *bulbes*, qu'on nomme *cayeux*. Ce qu'on appelle improprement *gousse d'ail*, n'est autre chose qu'un assemblage de *cayeux* (*c*).

On connoit quatre espèces de *bulbes* :

Les *écailleuses* [squamosi], formées de membranes écailleuses (le *lis*) ; *Voy.* Pl. 7. Fig. 1. Lett. *a a a*.

Les *solides* [solidi], composées d'une substance charnue (la *tulipe*) ; *ibid.* Fig. 2.

Les *tuniquées* [tunicati], ou *bulbes en couches*, formées de plusieurs tuniques, qui s'enveloppent les unes dans les autres (l'*oignon*) ; *ibid.* Fig. 3. Lett. *c c c*, les *tuniques*.

Les *articulées* [articulati], composées de lamelles attachées les unes aux autres, (le *fruit cornu* ou *martynia*).

N^a. Ces tuniques sont quelquefois épaisses, & tellement succulentes qu'elles suffisent à la végétation de la plante, sans le secours de la terre & de l'eau. La bulbe de la *squille* pousse sa tige, & fleurit en plein air. Ses tuniques, sans doute garnies de vaisseaux absorbans, se nourrissent de l'humidité répandue dans l'air. Par la même raison, quelques plantes grasses, telles que le *sedum en arbre*, jettent des racines sans être enterrées.

(*c*) Voy. ci-après, *bourgeons*, *cayeux*, p. 191 & suiv.

TUBÉ-
REUSE.

2°. *LA RACINE TUBÉREUSE* [tubé-
rofa], auffi nommée *tubercule* , du mot
tuber , *truffe* , eft un corps charnu , folide ,
dur , ordinairement plus gros que la tige ,
quelquefois compofé de petits corps
ronds , fufpendus par des filets , comme
des grains de chapelet (la *filipendule*) ;
Voy. Pl. 7. Fig. 4.

On la nomme *feffile* , quand elle adhére
à la tige ; *noueufe* [nodofa] , quand elle
forme des nœuds ; en *faifceau* [fafcicu-
lata] , lorfqu'un grand nombre fort du
même centre , en s'allongeant (l'*afphode-
le*) ; *grumeleufe* [grumofa] , celle qui eft en
grumeaux. On peut rapporter ici les *pattes d'anémones* , les *boües d'afperges* , &
les *griffes* de *renoncule* ; *ibid.* Fig. 8.

N^a. Plufieurs racines tubéreufes ont la
faculté de reproduire leurs plantes , lors
même qu'elles font divifées en plufieurs
morceaux. On coupe en tronçons , la
pomme de terre , (racine du *folanum tubero-
fum* LIN.) ; Chaque tronçon , après avoir
été planté , reprend , pouffe des racines
& des tiges.

FIBREUSE.

3°. *LA RACINE FIBREUSE* [fibrofa] ,
eft compofée de fibres ou filamens ; *Voy.*
Pl. 7. Fig. 6.

La radicule après être fortie de la femence , s'enfonce perpendiculairement

dans la terre, & forme le corps principal de cette racine, qu'on nomme *pivot*; il jette de tous côtés des rameaux qui se divifent, & qui, après plufieurs fubdivifions, deviennent auffi fins que des cheveux. Ces dernieres divifions prennent le nom de *chevelus*; *ibid.* Lett. *a a a*; elles fe prolongent & s'étendent prodigieufement; c'eft dans elles, que réfide la plus grande force de fuccion.

La racine fibreufe varie dans fa direction, dans fa fubftance, dans fa forme & dans fa durée; de là on la nomme, fuivant fa direction :

Traçante [repens], lorfqu'elle s'étend horifontalement entre deux terres. Les plantes *traçantes*, font celles dont les tiges latérales jettent des racines, en rempant fur la terre (la *ronce*).

Stolonifére [ftolonifera], du mot *ftolones*, *drageons*, lorfque la racine traçante jette çà & là, des *rejets* ou *drageons* qui portent eux-mêmes des racines (le *chiendent*); Pl. 7. Fig. 7.

Perpendiculaire, quand elle eft perpendiculaire à l'horifon; *pivotante*, quand la racine perpendiculaire eft profonde.

Fufiforme [fufiformis], racine pivotante qui imite un fufeau (la *carotte*); Pl. 7. Fig. 5.

Napiforme [napiformis] , de la forme du *navet.*

Suivant sa substance , elle est appellée *charnue* [carnosa] , lorsqu'elle est pulpeuse, succulente ; *ligneuse* [lignosa] , de la nature du bois , comme dans les arbres , &c.

Suivant sa forme , *simple* [simplex] , quand elle ne se divise pas ; *branchue* [ramosa] , quand elle se ramifie ; *dichotome* [dichotoma] , fourchue , qui se bifurque ou se divise en fourche.

Si l'on considére la durée des racines fibreuses , les unes sont *vivaces* , ainsi que leurs tiges [fructicosæ] ; les autres subsistent l'hiver , quoique leurs tiges périssent , ou bien il se forme de nouvelles racines , à côté des anciennes qui pourrissent [perennes] ; quelques-unes se renouvellent par des *drageons* enracinés [stoloniferæ] ; d'autres enfin ne vivent qu'une année , les *annuelles* [annuæ]. Les racines fibreuses conviennent donc aux herbes & aux arbres ; les tubéreuses & les bulbeuses n'appartiennent qu'aux plantes herbacées.

Nᵃ. Chaque espèce suit constamment l'ordre qui lui est assigné ; mais il est des racines vivaces qui deviennent annuelles , lorsqu'elles sont transportées dans des climats trop froids , & quelques arbustes y perdent leurs tiges. La culture, au contraire, peut prolonger la vie des annuelles; M. DUHAMEL a vû un pied d'*orge* repousser des tiges après la moisson, & donner des épis l'année suivante.

OBSERVATIONS SUR LES TIGES ET SUR LES RACINES. Les tiges & les racines ont entr'elles, des rapports & une correspondance réciproque; elles se développent, se ramifient, & se subdivisent à-peu-près uniformément; l'étendue & la force des unes est toujours en proportion avec celles des autres. Un arbuste qui ne jette que de petites branches, n'a que des racines grêles; un espalier, un arbre *nain* ou tondu en boule, produit des racines moins nombreuses, moins fortes, moins étendues, que celles de la même espèce cultivée à *plein-vent*; c'est donc à tort qu'on prétend faire étendre les racines d'un arbre, en élaguant ses branches; l'arbre fruitier produira plus de fruit, mais son accroissement sera retardé, & sa vie plus courte.

Les tiges, comme les racines, s'allongent par leurs extrémités, & cessent de croître lorsqu'on les coupe: les unes & les autres font alors de nouvelles productions; les tiges poussent des branches par les côtés, les racines jettent des racines latérales ; d'où il suit qu'il convient d'*arrêter* (*d*) les tiges des arbres à qui l'on veut faire des *têtes* , & de couper le *pivot* des racines , pour former de beaux arbres , en multipliant les ramifications latérales qui , placées plus près de la superficie de la terre , y trouvent plus de sucs nourriciers.

La tige est donc pourvue de plusieurs germes de branches , & la racine de plusieurs germes de racines ; la tige renferme aussi des germes de racines qui se déploient lorsqu'on l'a coupée & mise en terre ; & la racine de son côté produit , à l'air , des branches ou *rejets* , qui partent de la portion coupée. Le succès des *prairies artificielles* , vient de ce qu'on fauche souvent les plantes qui les composent.

Les racines & les tiges peuvent encore être comparées dans leur organisation ; elle est à-peu-près la même dans toutes les deux , si ce n'est que l'épiderme des racines est plus épais , & que leurs couleurs sont intérieurement plus vives ; mais ces parties différent essentiellement dans leurs directions.

LEUR DI-
RECTION.
Le Physiciens ne sont pas d'accord sur les causes qui déterminent les tiges à s'éle-

(*d*) *Arrêter* les branches ou les tiges , c'est en couper les extrémités.

ver vers le ciel, & les racines à s'enfoncer dans la terre ; mais cette difpofition eft tellement conftante, que fi l'on retourne dans la terre, la plante qui vient de lever, de maniere que la racine foit en haut & la tige en bas, l'une & l'autre fe courbent bientôt pour reprendre la direction qui leur eft propre.

Un arbre qui croît dans l'épaiffeur d'un mur, fe courbe par le pied pour s'élever perpendiculairement, fuivant la parallele du mur, & celui qui eft planté fur une colline, malgré l'inclinaifon du fol, fe dirige verticalement, formant avec la furface de la terre, un angle aigu du côté qui monte, obtus du côté de la pente.

L'élévation des fucs dans le corps des plantes, peut contribuer à leur direction ; mais l'air, le foleil & la lumiére, paroiffent des caufes plus certaines pour les tiges, ainfi que l'air & l'humidité pour les racines.

Cultivez des plantes dans une chambre qui ne reçoive de jour que par une petite ouverture, les tiges s'inclineront du côté du jour. Dans les maffifs de bois, les jeunes arbres font toujours penchés du côté où le jour pénétre. Les nouvelles pouffes d'un efpalier s'éloignent de la muraille qui leur dérobe l'air, le foleil &

la lumiére ; c'est pour les chercher, que les branches latérales des arbres abandonnent la direction des tiges, s'écartent & s'étendent parallélement au terrein, lors même qu'il est en pente.

Les racines sont pivotantes ou latérales ; mais si à quelque distance de la racine, il se trouve des canaux, un fossé rempli d'eau, une terre fraîchement remuée, les principales racines, & quelquefois le pivot lui-même, abandonnent leur direction, se replient & vont chercher, dans la terre ameublie, un air & des sucs plus abondans, auprès des fossés, l'humidité qui s'en échappe. L'eau attire tellement les racines, qu'elles quittent la terre pour s'introduire dans l'intérieur des canaux, lorsqu'elles peuvent y pénétrer.

EXTEN-SION. Cette force d'extension paroît être plus grande dans les racines, que dans les tiges. La branche plie & se recourbe, lorsqu'elle rencontre un obstacle ; la racine au contraire perce à la longue, les terreins les plus durs, pénétre dans des murs qu'elle renverse, & fait éclater des rochers.

VI°. *DES BOURGEONS.*

Nous ne prenons pas ce terme dans son acception commune. Les Cultivateurs entendent par *bourgeon* [furculus, turio], la jeune *pousse* d'une plante, d'où l'on dit, *ébourgeonner* un arbre, c'est-à-dire, couper les nouvelles pousses superflues.

Le terme *bourgeon*, exprime ici un corps destiné à la reproduction, & qui renferme les rudimens d'une ou de plusieurs parties de plante, produites par la plante mere ; c'est le *germen*, Plin. corps qui, comme la graine, renouvelle l'espèce ; l'*hybernaculum*, Lin. comme qui diroit, le lieu où les nouvelles parties passent l'hiver.

Le bourgeon sert à défendre ces parties, du contact de l'air & des injures des insectes, jusqu'à leur parfait développement. Il est situé ou sur les tiges, ou sur les racines ; celui qui tient aux tiges, prend le nom de *bouton* ; celui qui tient à la racine, se nomme *cayeu*.

Le Bouton, autrement dit *bourse*, *œil* [gemma, oculus], est un petit corps arrondi, un peu allongé, quelquefois terminé en pointe ; il varie dans sa forme extérieure, suivant les diverses espéces, & peut servir à les faire distinguer les unes des autres, pendant l'hiver. *Voy.* Pl. 8. Fig. 1, 2, & 3.

SA SITUA-
TION.

On apperçoit alors les *boutons*, à l'extrémité des jeunes rameaux ; on les trouve aussi le long des branches, fixés par un court pédicule, sur des renflemens ou espéces de petites consoles qui ont servi d'attaches aux feuilles, dans l'aisselle desquelles ils se sont formés l'année précédente ; *ibid.* LETT. *b b b*. Ils y sont quelquefois *solitaires*, quelquefois *rassemblés*, *deux à deux*, *opposés*, *alternes*, ou plusieurs *verticillés*.

Les plantes annuelles & les vivaces qui perdent leurs tiges pendant l'hiver, n'ont point de *bouton*, & dans le nombre de celles qui les conservent, quelques-unes en sont dépourvues, telles que la *rue*, le *bec de grue*, &c. & parmi les arbustes, la *bourgéne*, l'*alaterne*, le *paliure*, &c.

SA FORME
EXTÉRIEU-
RE.

Le bouton est composé de plusieurs parties artistement arrangées ; à l'extérieur, on trouve des écailles assez dures, souvent hérissées de poils, creusées en cuiller, & en recouvrement les unes sur les autres. Ces écailles sont implantées dans les lames intérieures de l'écorce (*a*), dont elles

(*a*) Voy. ci-après *organisation interne*, *écorce*.

paroissent

paroiſſent un prolongement. Leur uſage eſt de défendre les parties internes du bouton, qui par leur développement, doivent fournir les unes des fleurs, des feuilles, des ſtipules, les autres des pétioles & des écailles ; & qui toutes, ſont encore repliées, tendres, delicates, enduites d'une humeur viſqueuſe, quelquefois réſineuſe & odorante (le *beaumier* ou *tacamahaca*). Les écailles extérieures tombent après l'entier développement des parties internes.

En général, on peut diſtinguer trois eſpèces de boutons ; le bouton à *fleur*, le bouton à *feuilles*, le bouton qui eſt en même tems, à *fleur* & à *feuilles*.

Le Bouton a Fleur ou à *fruit* [gemma florifera], renferme les rudimens d'une ou de pluſieurs fleurs concentrées, repliées ſur elles-mêmes, & enveloppées d'écailles. Dans pluſieurs arbres, on le trouve communément à l'extrémité de certaines petites branches plus courtes que les autres, moins liſſes, & chargées de feuilles (le *poirier*).

Les écailles extérieures du bouton à *fleur*, ſont plus dures que les intérieures ; les unes & les autres ſont en dedans, garnies de poils, & en général, plus renflées que celles du bouton à *feuilles*. Le bouton à *fleur* eſt ordinairement plus

Bouton
a Fleur.

gros, plus court, presque quarré, moins uni, moins pointu, terminé par une pointe obtuse ; *Voy.* Pl. 8. Fig. 2. *un bouton à fleur* ; & Fig. 3. *celui du poirier, observé dans le mois de Janvier.*

BOUTON A FEUILLES.

LE BOUTON A FEUILLES, ou à *bois* [gemma folii-fera], contient les rudimens de plusieurs feuilles enroulées, diversement repliées, & enveloppées au dehors, par des écailles qui produisent principalement des stipules. On les nomme, boutons à *bois*, parce qu'avec les feuilles, ils donnent des branches ; *Voy.* Pl. 8. Fig. 1.

Ils sont ordinairement plus pointus que les boutons à *fleur* ; on en trouve cependant d'arrondis (le *noyer*), & de trèsgros (le *marronnier d'Inde*).

FOLIATION.

On peut nommer *foliation* [foliatio] (*b*), l'espèce de roulement que les feuilles éprouvent dans le bouton, & remarquer que ce roulement, par sa diversité, distingue les plantes, encore mieux que les formes extérieures du bouton ; mais on ne peut le bien observer que lorsque la séve a développé les parties internes, développement qui commence pendant l'hiver, & qui n'est sensible qu'au printems.

(*b*) Voy. *Philosophia Botanica* Lin. pag. 105. & *Amœnitates,* tom. 6. pag. 245. Vernatio.

Selon le Chev. LINNÉ, les feuilles sont roulées dans le bouton, sous dix formes principales, qui déterminent autant de *foliations* différentes. *Voy*. Pl. 8. Fig. 4. & *suiv*.

1°. Quelquefois la feuille est repliée de maniere que ses bords latéraux sont roulés sur eux-mêmes, en dedans [folium involutum], dans le *chevre-feuille* : *Voy*. *ibid*. Fig. 5 ; cette foliation peut être *simple*, Fig. *id*. *alterne*, Fig. 14, ou *opposée*, Fig. 13.

2°. Quelquefois les bords latéraux sont roulés en dehors [folium revolutum], dans le *romarin* : *Voy*. *ibid*. Fig. 6. elle peut être *opposée*, *ibid*. Fig. 15.

3°. Ou les bords d'une feuille sont compris alternativement, entre les bords d'une autre feuille [folia obvoluta], dans l'*œillet* : *ibid*. Fig. 10.

4°. Ou bien le bord d'un des côtés d'une feuille, enveloppe le bord de l'autre côté de la même feuille roulée en spirale, en maniere de crosse [folium convolutum], dans le *balisier* : *ibid*. Fig. 4. Cette foliation comprend quelquefois plusieurs feuilles [convoluta] : *ibid*. Fig. 12.

5°. Ou les feuilles se recouvrent parallélement, de sorte que les deux bords d'une feuille aboutissent aux deux bords de la feuille opposée [imbricata], dans le *troéne* : P. 8. Fig. 9.

6°. Les feuilles sont quelquefois en re-couvrement les unes sur les autres , de maniere que les deux bords de la feuille intérieure , sont embrassés par celle qui la recouvre [equitantia] , dans l'*iris* : *ibid*. Fig. 8.

7°. Quelquefois les bords d'une feuille se rapprochent parallélement l'un de l'autre [conduplicatum] , dans le *chéne* : *ibid*. Fig. 7.

8°. Ou bien la feuille est plusieurs fois plissée & repliée sur elle-même , longitu-dinalement [plicatum] , dans l'*érable* : *ibid*. Fig. 11.

9°. Ou les feuilles sont repliées en bas , vers le pétiole [reclinata] , dans l'*a-conit*.

10°. Ou enfin elles sont roulées en des-sous , en spirales transverfales , de maniere que leur sommet occupe le centre [folia circinalia] , dans les *fougéres*.

BOUTON A FLEUR ET A FEUILLES. *LE BOUTON A FLEUR ET A FEUIL-LES* est plus petit que les précédens ; il produit des fleurs & des feuilles , mais de deux manieres différentes :

Tantôt les fleurs & les feuilles , se dé-veloppent en même tems [gemma folii-fera & florifera] ;

Tantôt les feuilles naiſſent ſur un petit rameau qui fleurit dans la ſuite [foliifero-florifera].

Ces fleurs ſont mâles, femelles ou hermaphrodites ; ce qui peut encore faire diſtinguer des boutons *mâles*, (le *pin*) ; des boutons *femelles*, (le *charme*) ; des boutons *hermaphrodites* (le *cornouiller*).

N*ª*. Les Cultivateurs donnent indifféremment le nom de boutons *à fleur* ou *à fruit*, à celui qui doit produire des fruits, qu'il s'y trouve ou non, des feuilles & des tiges. La jeune tige ſortie du bouton, eſt ce qu'ils appellent *bourgeon*, ou *ſurgeon*, ſi elle part du bas de la tige. Le *drageon* enraciné eſt une petite tige qui s'éleve des racines rampantes ; la jeune pouſſe que jette l'arbre *étété* ou l'arbre *recépé*, c'eſt-à-dire celui dont on a coupé la tête & les branches, ou celui qu'on a coupé par le pied, s'appelle *rejetton*.

Les Cayeux [adnata, adnaſcentia, bulbi], ſont de petites bulbes ou oignons qui naiſſent à côté des anciennes, quelquefois avec une promptitude ſurprenante.

Le cayeu ne convient qu'aux plantes bulbeuſes ; il leur tient lieu de *bouton* ; il reproduit l'eſpèce, & remplace l'individu

CAYEU.

N iij

par le développement de la plante qu'il renferme en racourci ; elle n'est pas visible dans le cayeu ; mais dès le mois de Janvier, examinée avec la loupe, elle paroît distinctement dans le centre de la bulbe.

Les *cayeux*, comme les bulbes, se divisent en *écailleux*, *solides*, *tuniqués*, & *articulés* (*c*).

N^a. Quelques plantes forment des productions qu'on peut comparer aux cayeux, quoiqu'elles ne soient pas placées, comme eux, auprès de la racine. Dans quelques espèces d'*aulx* qu'on nomme *bulbiféres*, le spathe des fleurs renferme de petites bulbes qui végétent lorsqu'on les met en terre ; on observe la même chose parmi les graminées, dans un *poa* [poa alpina β vivipara L.], & suivant M. ADANSON (*d*), on doit considérer aussi comme de vrais bourgeons, les parties au moyen desquelles la tige du *lis rouge*, & quelques feuilles de plantes grasses, reprennent en terre, & donnent une nouvelle plante.

(*c*) Voy. ci-dessus *racine bulbeuse*, pag. 182.
(*d*) *Famille des Plantes*; Préface, pag. 64.

ORGANISATION INTERNE

DES PARTIES DES PLANTES,

Et leur usage dans la Végétation.

AVANT de déterminer comment la considération des parties extérieures des plantes, qu'on vient de décrire, constitue en Botanique, la distinction des espèces, jettons un coup d'œil rapide sur leur organisation interne ; c'est en quelque sorte rechercher la cause, après avoir examiné l'effet, puisque toutes les parties de la plante ne se développent & n'existent, qu'en vertu de cette même organisation.

Suivant les Observations Anatomiques de MALPIGHI, de GREW, & des Modernes, les parties des plantes sont composées, 1°. de vaisseaux droits & longitudinaux qui charient les sucs nourriciers qu'on nomme la *sève*, & qui par leur assemblage, forment des lames déliées, repliées en maniere de petits cônes inscrits les uns dans les autres.

2°. D'autres vaisseaux roulés en spirales élastiques, vraies *trachées* qui reçoivent & transmettent l'air nécessaire à

N iv

la préparation & au mouvement des humeurs.

FIBRES.   3°. De fibres transversales qui lient ces vaisseaux, & qui forment en les croisant, un tissu cellulaire dont les interstices sont remplis de petits *utricules*, espèces d'*estomacs* destinés à recevoir, à digérer, à assimiler les sucs apportés par les vaisseaux.

BOIS.   Cette charpente, dont les parties étroitement unies & resserrées dans les *arbres*, composent le corps *ligneux* qu'on nomme *bois*, est extérieurement recouverte d'une enveloppe appellée *écorce*.

ÉCORCE.   On donne le nom de *livre* [liber], à la partie intérieure de l'écorce. Elle présente au dehors une fine membrane ou un *épiderme* étendu sur des fibres, sur des vaisseaux parmi lesquels on ne trouve point de trachées, & sur un tissu cellulaire, plus lâche & plus large que celui du corps ligneux, autour duquel ces vaisseaux sont disposés en couches concentriques.

AUBIER.   Entre l'écorce & ce corps, on distingue aussi dans les arbres, l'*aubier* (a),

---

(a) Dans certains arbres qu'on appelle vulgairement, *bois blancs*, *les saules*, *les peupliers*, &c. on distingue peu l'*aubier* qui n'acquiert jamais une grande solidité.

jeune couche ligneuſe qui n'eſt encore qu'un bois imparfait, deſtiné à devenir bois, lorſqu'une couche nouvelle, par ſucceſſion de tems, l'aura enveloppée.

Le centre du corps ligneux, ou plutôt ſon axe, eſt occupé par la *moëlle*, partie également compoſée de vaiſſeaux & ſur-tout d'utricules qui ſont plus larges encore & moins ſerrés que ceux de l'écorce, & qui ſe deſſéchent à meſure que la plante vieillit.

Telle eſt, en général, l'organiſation des végétaux ; elle n'eſt nulle part plus apparente que dans les tiges ; on la retrouve dans les feuilles qui ſont des eſpèces de tiges applaties (*b*) ; vraiſemblablement elle eſt moins parfaite dans pluſieurs autres parties, & dans un grand nombre de plantes. Elle paroît ſi incomplette dans quelques-unes, qu'elle ſemble réduite à un ſimple tiſſu véſiculaire ; mais défionsnous de la foibleſſe de nos yeux : *in arctum coarcta rerum majeſtas* (*c*), toute la grandeur de la nature eſt renfermée dans les petits objets. Quelle diverſité ne préſente pas l'organiſation animale, comparée dans les divers animaux, depuis l'*homme* juſqu'au *puceron ?*

(*b*) Voy. ci-deſſus, la *feuille en général*, pag. 145.
(*c*) PLIN.

ORIGINE
DES PAR-
TIES EXTÉ-
RIEURES.

Obſervez encore que l'écorce & la moëlle paroiſſent conſtituer eſſentiellement le corps végétal (*d*) : recherchez l'origine de ſes parties extérieures, vous reconnoitrez que les feuilles, les bractées & les calices ne ſont autre choſe que la prolongation de l'*écorce* ; les pétales & les étamines, un prolongement du *liber* ; les piſtils, une production de la *moëlle* (*e*). Le *bois* eſt en quelque ſorte, le *ſquelette* qui ſoutient toutes ces parties à leur place, concourant avec elles, aux fonctions vitales auxquelles il participe.

Si l'on ſoumet les plantes à l'analyſe chymique, on voit que leur compoſition réſulte d'un mélange d'huile, d'eau, de pluſieurs ſels, quelquefois de réſines, de beaucoup de terre, & d'une quantité d'air ſurprenante. Cet air *principe* abonde ſur-tout dans les parties dures & ligneuſes ; il ſurpaſſe conſidérablement le volume du corps végétal, dans lequel il eſt reſſerré & *corporiſié*. L'air renfermé dans le bois de chêne, en contient 216 fois le volume, & ſon poids eſt environ le quart de celui du bois (*f*).

(*d*) Voy. *Generatio ambigena.* Amæn. Lin. tom. 6. pag. 6 & ſeq.

(*e*) Voy. *Prolepſis plantarum.* Amæn. Lin. tom. 6. pag. 375 & ſeq.

(*f*) *Expérience de M. Hales* (Statique des végétaux), perfectionnée par *M. Rouelle,*

La structure & la substance des végé- ÉCONO-
taux reconnues, l'usage de leurs parties NIE VÉGÉ-
n'est plus un mystère difficile à pénétrer. TALE.

On a vu précédemment (pag. 51.) que la semence, véritable œuf végétal, après avoir été couvée par la terre, s'enfloit, levoit ; & que du germe développé, il sortoit des racines, des tiges, une plante.

On a vu (pag. 54 & 58) que l'usage des fruits étoit de produire cette semence, que celui de la fleur, étoit de développer & de féconder les fruits ; la destination de toutes les autres parties de la plante, est de donner, à leur tour, naissance aux fleurs. Tout est lié dans la nature ; sa marche est une progression, & son but est toujours la régénération de l'individu.

La génération suppose le développement ; le développement suppose l'accroissement ; l'accroissement est produit par la nutrition.

Les racines qui tiennent la plante fixée SÉVE. dans la terre, paroissent les premiers agens de la nutrition. Dès que la chaleur (g) vient animer le jeu de leurs organes, au moyen des pores qui sont placés à l'extrémité de leurs chevelus qu'il faut considérer comme l'orifice des vaisseaux de la plante, elles

(g) Le mouvement de la séve commence d'abord après les gelées de l'hiver, & semble se ranimer après les chaleurs de l'été; ce qui fait distinguer la *séve du printems*, & celle de *l'automne*.

pompent les fucs nourriciers diffous dans une eau qui leur fert de véhicule , & qui paroît prefque réduite en vapeur.

Les racines rempliffent en même tems , les fonctions de bouche & d'œfophage ; elles font la premiere élaboration des fucs qu'elles ont pompés , & les tranfmettent dans les vaiffeaux dont le collet , la tige , les branches , font fournis principalement dans leur fubftance médullaire corticale. Les fucs nourriciers y reçoivent une nou-velle préparation , & font enfuite portés dans les véficules du tiffu cellulaire. Ils prennent le nom de *féve* , fubftance qu'on peut comparer au *chyle* des animaux.

L'air qui , par le moyen des trachées , fe renouvelle fans ceffe , continue d'en-tretenir par fon élafticité , les divers mou-vemens de la féve , & la fubtilife par fon activité ; elle pénétre bientôt les fibres ligneufes qui la charient jufqu'aux extré-mités de la plante.

Suc pro-pre. Elle change alors de nature & de cou-leur (*i*) ; on la nomme le *fuc propre* :

(*h*) La couleur du *fuc propre* varie ainfi que fa fub-ftance ; dans plufieurs plantes , il eft de couleur d'eau ; quelquefois jaune (*l'éclaire*) ; verd (la *pervenche*) ; blanc (le *tithimale*) , &c. Dans plufieurs arbres , il eft gommeux (le *cerifier*) ; dans les conifères il produit la réfine (le *fapin*) ; la térébenthine (le *mé-lefe*) ; la poix (la *peffe*) ; le fandaraque (le *gené-vrier*), &c.

c'est le *sang* de la plante, où résident ses vertus & sa saveur. La séve devenue pour elle, ce que le sang est à l'animal, s'unit à ses parties. Sans en former précisément de nouvelles, elle s'assimile à celles qui existent, elle s'y incorpore, en augmente le volume, & les développe ; bientôt sa consistance gélatineuse, passe à l'état d'écorce ou d'aubier. L'évaporation & l'apport de nouveaux sucs, la durcissent encore ; elle devient bois.

C'est ainsi que la tige paroît, chaque année, augmentée d'une couche de cônes extérieurs, qui emboîtent les anciens cônes internes (*i*), & l'écorce augmentée de nouveaux cônes corticaux, qui recouvrent ceux des années précédentes. La plante s'accroît donc en longueur & en largeur, excepté dans ses racines, qui ne s'allongent qu'à leurs extrémités.

La fibre ligneuse & les couches corticales parfaitement développées, ne sont plus susceptibles d'accroissement ; mais le développement des fibres imparfaites, leur prolongement, l'addition de nouvelles substances & de nouvelles couches, forcent incessamment la tige de s'étendre en tout sens ; elle s'élargit ; elle s'élève ; de nouveaux rameaux percent l'écorce,

(*i*) On connoît l'âge des arbres, par le nombre de leurs couches concentriques.

se déploient, jettent des feuilles ; tout concourt à former la fleur. Elle se développe ; la lumiere la colore ; le germe est fécondé par le *pollen* ; le fruit paroît, & produit une semence capable de renouveller l'espèce.

TRANSPI-
RATION.

En même tems les feuilles, les jeunes tiges, les fleurs, les fruits, font pendant le jour, les fonctions d'organes excrétoires (*k*). Par eux s'exécute la transpiration qui peut-être est la seule véritable excrétion de la plante saine ; mais on a reconnu qu'elle étoit dix-sept fois plus abondante que celle des animaux, comparée en tems égaux & à volume égal.

SUCCION.

Pendant la nuit, l'usage des feuilles n'est plus le même. Ce font alors des racines aériennes qui, par les petites bouches de leur surface inférieure (*l*), pompent l'humidité & les sucs répandus dans l'atmosphere (*m*). Les trachées, dont l'air est resserré par la fraicheur de la nuit, n'opposent aucun obstacle au passage des nouveaux sucs ; ils descendent vers les racines, avec le superflu de ceux qui

(*k*) Voy. *vaisseaux excrétoires*, pag. 145, & les recherches *sur l'usage des feuilles*, par Mr. BONNET.

(*l*) Voy. *vaisseaux absorbans*, pag. 146.

(*m*) C'est par cette raison que la Chymie ne peut tirer de la terre, toutes les substances qu'elle découvre dans les végétaux ; ils doivent à l'air, une partie de celles qui les composent.

s'étoient élevés pendant la journée ; ce qui prouve que les vaisseaux des plantes n'ont point de valvules, ou que la souplesse de ces valvules est telle, qu'elles souffrent le mouvement des humeurs, en sens contraires.

Il suit de cette théorie, démontrée par les belles observations de M^{rs}. HALES & BONNET, que le mouvement de la séve dans les plantes, excité par la raréfaction ou par la condensation de l'air extérieur & de l'air renfermé dans les trachées élastiques, n'est point une vraie circulation, mais un mouvement alternatif, une vraie impulsion des humeurs, une fluctuation ascendante pendant le jour, descendante pendant la nuit, dont l'action diminue en raison du froid & de l'humidité, de maniere qu'elle devient presque nulle pendant l'hiver.

Si d'autres accidens suspendent son action, l'accroissement cesse ; des *obstructions*, des *chancres* se forment ; la plante souffre ; elle est *malade* (*n*). Lorsque le tems a endurci & obstrué les vaisseaux qui charient l'air & la séve, ce suc se corrompt ; la plante ne recevant dès lors qu'une nourriture viciée ou insuffisante, languit,

MOUVE-
MENT DE
LA SÉVE.

MALADIE
ET MORT.

(*n*) Voy. ci-dessus, pag. 128, *variétés acciden-*
telles.

meurt (*o*) , & bientôt les élémens dont l'aggrégation formoit son existence , désunis , atténués , dispersés , vont nourrir ou développer un nouvel individu.

RÉPRO-DUCTION.

Nous n'avons jusqu'ici considéré la régénération de l'individu , que dans l'ordre général , c'est-à-dire , opérée par le développement du germe compris dans la semence , & fécondé par le concours des sexes (*p*). Sous ce point de vue l'imagination est étonnée de la prodigieuse fécondité de quelques végétaux ; on a compté dans une seule tête de *pavot blanc* , 8000 graines ; & au rapport de RAI , une seule semence de *tabac* , en a produit plus de 360000.

Mais la nature abondante en moyens , n'est pas bornée à cette voie ; toujours occupée de la conservation de l'espèce , elle distribue des germes féconds , dans presque toutes les parties d'un grand nombre de végétaux , & l'art industrieux multiplie ses ressources.

BOUR-GEONS.

En examinant les bourgeons , on a vu que le bouton & le cayeu renfermoient les rudimens d'une plante préexistante ;

(*o*) La gelée , le tonnerre font éprouver aux arbres une *mort subite* , & les coups de soleil , aux plantes plus délicates.

(*p*) *Voy. ci-dessus* , *pag.* 51. *& suiv. pag.* 58. *& suiv.*

l'écorce

L'écorce tranſmet au bouton, la nourriture qui lui eſt propre ; la bulbe, celle qui convient au cayeu ; la nutrition développe leurs parties, en leur aſſimilant les ſucs nourriciers. Les parties du bouton déroulées, étendues, forment une branche, ou plutôt une plante complette, compriſe dans la plante mere ; la jeune plante enfante, à ſon tour, des boutons qui produiſent de nouveaux rejettons doués de la même vertu régénérative que les germes développés des ſemences. Par une ſemblable progreſſion, le cayeu donne naiſſance à un individu, forme de nouveaux cayeux qui en produiſent d'autres, & qui propagent l'eſpèce auſſi ſûrement que la graine.

Cette vertu prolifique n'eſt pas donnée à toutes les plantes ; elles la poſſédent à différens degrés ; les annuelles n'en jouiſſent pas ; les vivaces qui perdent leurs tiges, pouſſent ſeulement quelques boutons, à la baſe des vieilles tiges ou ſur leurs racines. En général, la nature ne multiplie les moyens de reproduction, que pour les eſpèces qui, plus lentes dans leur développement, fourniſſent plus tard des ſemences : telles ſont les plantes bulbeuſes, dont l'oignon venu de graine, ne ſauroit produire un individu parfait, auſſitôt que

les annuelles ; tels sont sur-tout, les arbres
& les végétaux ligneux.

DRAGEONS. Les *drageons* enracinés (*q*), les *vives
racines*, ou *plants* détachés de la racine qui
leur donna naissance, sont en miniature
des plantes complettes qui n'attendent que
le déploiement de leurs parties.

BOUTURE. Mais il y a plus : une partie détachée du
corps même de la plante, tend également
à la reproduction ; une feuille pousse dans
l'eau, quelques racines, par son pétiole
ou par ses nervures (*r*) ; une branche dépourvue de racines, mise en terre, y
végéte & devient arbre ; elle est intérieurement garnie de germes qui, développés par la nutrition, se déploient en
racines dans la terre, & dans l'air en
rameaux ; ce qui se nomme, reprendre
de *bouture*.

Ce ne sont point les vrais boutons à
fleur & à feuilles déjà formés, qui se
changent en racines ; il y a ici une nouvelle reproduction. Les boutons, peu de
jours après qu'ils ont été enterrés, s'ouvrent, mais bientôt ils périssent. Les jeu-

___

(*q*) Les plantes vivaces & les arbustes donnent des
drageons plus communément que les grands arbres ; cependant l'*orme* à grandes feuilles pousse des jets qu'on
peut lever, & qu'on éleve en pépiniere. *Voy. Semis* &
plantation, pag. 61.

(*r*) Expérience de M. BONNET.

nes racines partent de la petite console qui leur servoit de support (1), ou des tumeurs qu'on trouve aux bifurcations des branches, ou bien encore de certains bourrelets qui se forment constamment à la lévre supérieure des anciennes plaies de l'écorce, & au-dessus des ligatures dont on entoure fortement une jeune branche.

Ces bourrelets supérieurs aux ligatures & aux incisions, sont dûs à la séve qui descend par l'écorce, & démontrent cette descendance, comme les arrosemens d'eaux colorées prouvent le mouvement de la séve ascendante qui va nourrir les branches. Celle qui descend par l'écorce, paroît destinée à la nourriture des racines; les bourrelets formés par les sucs arrêtés dans leurs cours, sont des espéces de bulbes composées de fibrilles & de mammelons qui n'ont besoin que d'une certaine humidité pour se développer. Qu'on applique contre un bourrelet, une éponge ou de la terre mouillées, les racines ne tarderont pas d'en sortir.

Ces observations ont découvert plusieurs moyens ingénieux de multiplier & de perfectionner l'art des *boutures* (1),

____

(1) Voy. ci-dessus, *bouton*, *sa situation*, pag. 192.

(1) BOUTURE. En général, les *bois blancs*, les *saules*, les *peupliers noirs*, reprennent facilement de *bouture*. Sur

procédé qui consiste à faire pousser des racines à une branche, soit par l'extrémité

la fin de Mars, avant que l'arbre ait commencé à pousser, on choisit des branches saines, vigoureuses & garnies de boutons, pour faire ce qu'on nomme des *plantards* ; on doit préférer celles qui ont sur leur écorce des bourelets ou des tumeurs, & couper au-dessous, de maniere que lorsqu'on plantera la branche, les bourrelets se trouvent dans la terre. A leur défaut, il est avantageux de couper la branche à son insertion, & d'emporter avec elle, la grosseur ou l'éminence qui s'y trouve ; elle a la même qualité, mais à un degré inférieur. Il est encore mieux de faire éclater la branche en l'arrachant avec force, si l'on ne craint pas de nuire au sujet. On peut aussi faire des entailles, à l'extrémité inférieure qui doit être enterrée ; elles occasionnent des tumeurs. On laisse tremper dans l'eau, les plantards d'arbres aquatiques, jusqu'à la fin d'Avril ; on appointit l'extrémité du gros bout, de maniere qu'un des côtés reste couvert d'écorce ; par ce moyen, les plantards pénètrent plus facilement dans le trou qu'on se contente de faire avec une cheville, à un pied & demi de profondeur. Plus l'arbre résiste à la reprise, plus on doit enterrer le plantard. On coupe les deux extrémités, à ceux du *saule* ; il faut laisser la supérieure au *peuplier*. On aura soin de laisser peu de boutons & peu de branches à l'extérieur ; le plantard étant dépourvu de racines, n'a pour nourrir ces parties, que le peu de sucs qu'il renferme, ou qu'il pompe. Par la même raison, on ôtera tous les boutons de l'extrémité inférieure ; mais on ménagera avec soin, les consoles qui les supportent, & qui doivent produire les racines.

Pour les arbres qui reprennent moins aisément, tels que le *platane*, le *peuplier* blanc, le *tremble*, il convient de planter leurs boutures, en pépinieres, & de les cultiver soigneusement. Si les arbres sont encore plus précieux, & moins féconds en racines, on fera des entailles & de fortes ligatures, aux branches qu'on destinera à devenir bouture. On les choisira plus minces & plus jeunes que dans les précédens ; on ne les coupera que lorsqu'elles auront des tumeurs formées ; alors on les

qui tenoit au tronc dont elle est détachée, soit par le bout opposé qui devoit porter des branches, ou même par l'un & l'autre bout, en repliant la branche pour les planter tous les deux. Dans le premier cas, l'arbre pousse ses branches & ses racines, dans l'ordre naturel ; dans le second cas, les racines se dirigent d'abord vers le ciel, & les branches vers la terre, mais bientôt chacune se recourbe, & prend une direction opposée. Dans le dernier cas, le corps de la branche jette des rameaux, chacune de ses extrémités des racines, & si l'on coupe dans le milieu de la courbure, on a deux arbres ; chaque partie devient un tout.

Cette multiplication étonne moins nos yeux, depuis qu'ils l'ont apperçue dans le regne animal, & qu'ils ont vû des animaux (les *polipes*) reprendre de *bouture*.

transplantera dans des fossés pratiqués dans la direction du levant au couchant ; on les couchera dans une terre franche, appuyée de droite & de gauche, par des couches de fumier. On ne laissera sortir les plantards de terre, que de quelques pouces, & on les recouvrira de mousse. On aura soin, par le moyen des paillassons, de les garantir de l'ardeur du soleil pendant l'été, & du vent du Nord, dès l'entrée de l'hiver ; enfin on leur donnera de tems en tems, de légers arrosemens. On peut encore faire reprendre des boutures précieuses, dans des serres, sur des couches de tan. *Voy. Phys. des Arbres, Tom. 2. pag. 128 & suiv. Semis & Plantations, pag. 62 & suiv.*

Dans le regne végétal, elle convient particuliérement aux arbres, & peut-être à tous (*u*).

On la retrouve auſſi dans quelques plantes herbacées : l'opération de la *marcotte* réuſſit ſur les *œillets* comme ſur les arbres, & *marcotter*, c'eſt faire reprendre une branche, de *bouture*, ſans la détacher du ſujet (*x*). On l'enfonce en terre, par un de ſes nœuds ſur lequel on fait une légere inciſion. L'inciſion occaſionne un bourrelet qui produit des racines, mais elle devient ſuperflue ſur pluſieurs plantes. Lorſque leurs branches contiennent aſſez de ſubſtance pour former naturellement de bourrelets à racine, il ſuffit de les coucher & de les enterrer, ce qu'on

(*u*) M. d'AUBENTON l'aîné, Maire & Subdélégué de Montbard, qui s'eſt adonné à la culture des arbres, avec le zéle le plus éclairé, fait reprendre de bouture, preſque toutes les eſpèces connues. Il ſe propoſe de publier ſon procédé, lorſque le tems & l'expérience en auront confirmé le ſuccès.

(*x*) MARCOTTE. Il eſt des arbres qui ne reprennent pas de bouture, & qu'on multiplie par les *marcottes*, tel eſt l'*aulne* ou *verne*. On recouvre de terre, la ſouche garnie de ſurgeons ; au bout de quelques années, chaque ſurgeon devient une plante enracinée ; c'eſt à-peu-près la maniere de multiplier les oliviers en Provence.

La marcotte ſe pratique auſſi, en faiſant traverſer une jeune branche, dans un pot ou manequin rempli de terre. Les Jardiniers qui veulent tirer d'un ſujet, beaucoup de plants, coupent ſon tronc, fort près de terre, avant que la ſéve ſoit en action ; le tronc qu'ils appellent

nomme à l'égard de la *vigne*, faire des *provins* (y).

Parmi les végétaux herbacés, des fragmens de racines tubéreuses suffisent à la multiplication de l'espèce. L'*aloés*, l'*opuntia* sont reproduits par une feuille mise en terre (z), & la *lentille d'eau* se multiplie sur la surface des eaux, par une opération spontanée ; ses feuilles se détachent d'elles-

la *mere*, jette une grande quantité de branches latérales qu'on couche en terre dès la seconde année, & qui à la troisieme, se trouvent suffisament pourvues de racines, pour être détachées de la *mere*, & transplantées ; elle en fournit ainsi, pendant douze ou quinze ans. *Voy. Phys. des Arb.* T. 2. pag. 131. *Semis & Plantation*, pag. 71.

(y) La *vigne* se multiplie par *marcotte* & par *bouture* ; on peut aussi la *greffer* ; il n'est pas d'usage de la faire venir de graine : la production seroit lente ; M. DUHA-MEL (*Traité des Arbres*) assure même qu'un pied de vigne élevé de pépin, après douze années, n'avoit produit chez lui aucun raisin. Cependant un Cultivateur du Beaujollois qui anciennement ne tiroit de ses vignes qu'un vin médiocre & qui poussoit fréquemment, s'est très-bien trouvé de cette pratique. Il a choisi dans un bon canton, les pépins d'une bonne espèce de raisins dont le vin ne poussoit pas. Après les avoir cultivés dans un quarré de jardin, il en a formé des plantiers qui au bout d'un certain nombre d'années, lui ont fourni des raisins dont le vin, infiniment plus agréable que celui qu'il recueilloit auparavant, ne tourne jamais. Ses vignes paroissent encore avoir la propriété de ne pas couler, & l'on doit présumer que leur durée sera plus grande que celle des pieds venus de bouture, ou par provignement. Il est intéressant de répéter cette expérience.

(z) M. ADANSON (*Familles des plantes*) regarde cette réproduction comme celle de vrais *bourgeons* qui sortent de l'aisselle des feuilles, de leur base, ou de leur pétiole.

O iv

mêmes ; chaque feuille détachée furnage, flotte, pouffe des racines & de nouvelles feuilles qui fe détachent à leur tour.

GREFFE Tous ces procédés font des *boutures* ; la feuille de la *lentille d'eau* eft une bouture qui reprend dans l'eau. La *greffe* eft pareillement une bouture plantée dans un arbre vivant, au lieu d'être placée dans la terre. L'une ne différe de l'autre, qu'en ce que la greffe eft difpenfée de produire des racines.

NATU-
RELLE, Que les branches de deux arbres viennent à fe toucher, que le frottement enleve une partie de l'écorce, que les *libers* & les aubiers fe rapprochent & fe joignent étroitement, leurs vaiffeaux s'aboucheront réciproquement par différens points de leurs furfaces ; ils s'entrelaceront les uns dans les autres ; ils exprimeront une fubftance qui, de gélatineufe, deviendra ligneufe par degré, & parviendra à les unir intimément. Dès lors le mouvement de la féve deviendra commun aux deux pieds ; ils ne formeront qu'un arbre individuel : voilà la *greffe* naturelle.

ARTIFI-
CIELLE. L'art a dérobé le fecret de la nature, pour la tromper à notre profit : au moyen de la *greffe* artificielle (*a*), il rajeunit un

---

(*a*) GREFFE, *ente*, *inoculation*, *écuffon*, font des termes à-peu-près fynonimes, & défignent l'opération

vieux arbre, en lui donnant de jeunes branches; il multiplie les arbres d'agré-

par laquelle on multiplie une espèce d'arbre, en coupant une de ses branches, qui se nomme la *greffe*, & en la substituant aux branches de l'arbre à qui on veut la faire porter, & qui s'appelle le *sujet*. Cette opération se fait de plusieurs manieres:

1°. *Greffer en fente.* On coupe transversalement la branche ou la tige du sujet qu'on veut enter; on la fend ensuite longitudinalement; on taille l'extrémité de la greffe, en forme de coin; on l'introduit dans la fente du sujet, de maniere que les *aubiers* des deux arbres coïncident exactement.

2°. *Greffer en couronne.* On choisit le tems de la séve; on coupe transversalement la tige du sujet; on taille la greffe en maniere de cure-dent; on l'introduit entre l'écorce & l'aubier du sujet, de maniere que l'écorce ne soit détachée de l'aubier, que dans la partie qui embrasse la greffe; on entoure ainsi la circonférence de la tige, de plusieurs greffes qui y forment une couronne.

3°. *Greffer en flûte, en sifflet.* Dans le tems de la séve, on prend des greffes du même diamètre que le sujet; on coupe circulairement l'écorce de celui-ci, de maniere qu'on puisse en enlever un anneau; on détache de la greffe, un anneau d'écorce de la même étendue & chargé d'un ou de plusieurs boutons, on l'introduit sur le sujet, à la place de l'écorce qu'on lui a enlevée; on couvre le tout de cire, &c.

4°. *Greffer en écusson.* On entaille l'écorce du sujet en maniere de T; on détache de la greffe, un morceau d'écorce garnie d'un bouton. Après avoir taillé ce morceau, en écusson ou en triangle allongé, on l'introduit dans la fente faite au sujet, de maniere que les lévres de la fente le recouvrent; on lie le tout avec de la laine. Au printems, cette greffe se nomme à *œil poussant*, parce que si elle prend, le bouton se développe sur le champ; on la nomme à *œil dormant*, si on la pratique au déclin de la séve, parce que le bouton ne s'ouvre qu'au printems qui suit.

ment, sur des sujets peu estimés ; il per-
fectionne les fruits destinés à flatter nos
goûts ; il fait porter au même tronc,
l'*orange*, le *citron*, le *cédra*, & des
poires succulentes à l'*aubepin* ; il opére
des miracles que la Physique, peu cré-
dule, explique par l'abouchement des
vaisseaux, par le mélange des séves,
par les modifications qu'elles éprouvent
en traversant des filieres étrangéres.

Mais la nature qui se prête à nos ca-
prices, lorsque nous consultons ses loix,
ne permet pas de les enfreindre. L'espéce des sujets n'est point changée par
la greffe ; les productions qui en résultent, sont des monstres qui dans l'ordre
naturel, ne propagent pas ; les espèces
qui peuvent être greffées l'une sur l'autre, sont restreintes à un certain nom-

5°. *Greffer par approche.* Supposez deux arbres plantés
à côté l'un de l'autre ; on fait à chacun une incision
disposée de maniere, qu'en rapprochant les branches
entaillées, leurs *libers* & leurs aubiers se touchent
à nud. La simple union des écorces suffit à cette greffe ;
c'est l'opération naturelle.

Remarquez que la *greffe en fente*, n'est qu'une modification de celle-ci, de même que la greffe en *couronne*, en *flûte*, en *écusson*, ne sont qu'un même procédé sous différentes formes. Le succès des unes & des
autres, dépend du rapprochement des aubiers ; & la
régénération, du développement & de l'union des
vaisseaux des deux écorces. *Voy. Phys. des Arbres*, T. 2.
pag. 65.

bre, & déterminées par l'analogie de leurs sucs, & celle de leur organisation. C'est ainsi que malgré nos efforts, le *nymphæa* ne multipliera pas dans un terrein sec, la *renoncule glaciale* (*b*), dans les sables d'Afrique, ni le *caffé*, en plein air, dans nos climats.

(*b*) *Ranunculus glacialis*, L. Petite plante qu'on ne trouve que dans les hautes Alpes de la Suisse & de la Laponie.

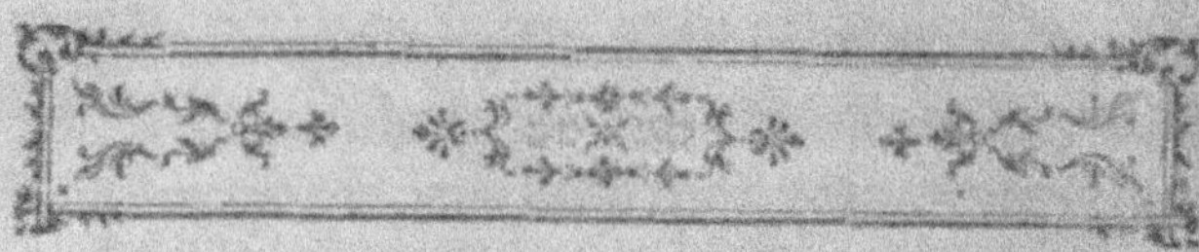

DES ESPÈCES
SUIVANT LES PRINCIPES
DE M.RS. TOURNEFORT ET LINNÉ.

PAR le nombre de formes & de modifications que nous avons reconnues dans l'organisation extérieure des parties des plantes, on a vû combien les caractéres des espèces se multiplient, lors même qu'on les restreint à la seule considération de ces mêmes parties.

CARACTÉ-RES DES ES-PÈCES.

Nous avons dit précédemment (*a*), que l'*espèce* divise le *genre*, comme le *genre* divise l'*ordre*; que la distinction des espèces peut dépendre des mêmes principes, dans quelque méthode que ce soit; que cependant ceux de TOURNEFORT & du Chev. LINNÉ different en quelques points; que le premier établit pour régle, d'employer à la distinction des espèces, toutes les parties qui n'appartiennent pas à la fructification, & même les qualités des

(*a*) Voy. ci-dessus *divisions des méthodes*, pag. 14 & 15. *principes des méthodes*, pag. 57, 61 & 62.

plantes ; que l'autre ne reçoit pour signe
spécifique, que toutes les parties visibles &
palpables , parmi lesquelles il comprend
celles de la fructification , lorsqu'elles ne
sont pas employées à la distinction des
genres.

Pour éclaircir davantage ces notions, nous ajouterons que M. de TOURNEFORT, dans l'établissement des espèces, rejette uniquement la considération de la fleur & du fruit , comme réservée à la détermination des genres ; qu'il admet l'examen , non seulement du port, des feuilles, des tiges , des supports , des racines , mais encore , où ces signes paroîtroient insuffisans , celui de toutes les qualités sensibles , telles que la couleur , la saveur , l'odeur , la grandeur , la ressemblance à des choses connues , &c.

SELON TOURNEFORT.

Le Chev. LINNÉ au contraire , rejette ces dernieres qualités comme incertaines , peu déterminées , vagues & sujettes à varier suivant la différence de la culture , du sol , du climat , de l'exposition & de plusieurs autres accidens. Il veut qu'on distingue l'espèce d'une, maniere plus stable ; il admet l'unique considération de toutes les parties de la plante, que l'œil & la main discernent constamment , dans chaque individu de l'espèce.

SELON LE CHEV. LINNÉ.

Ces caractéres, à la vérité, font devenus plus nombreux depuis TOURNEFORT, par la détermination d'un grand nombre de parties qui, de fon tems, n'avoient pas encore été fuffifamment obfervées, telles font plufieurs fupports, les ftipules, les glandes, les poils, &c. Il faut y ajouter les parties de la fructification elles-mêmes, que le Chev. LINNÉ confidére auffi dans l'efpèce, lorfqu'elles n'ont pas fervi à déterminer le genre.

Il eft donc certain que la théorie du Botanifte Suédois tend à perfectionner la fcience, en y laiffant moins d'objets incertains que celle de TOURNEFORT ; mais dans l'exécution, l'un & l'autre ont éprouvé des critiques.

On accufe ce dernier d'avoir multiplié fouvent très-inutilement, le nombre des efpèces, en les confondant avec les variétés que fes principes lui faifoient admettre, mais que GASPARD BAUHIN, dans fon *Pinax*, avoit déjà la plupart diftinguées, comme les fleurs doubles, celles qui font accidentellement colorées, les productions artificielles & monftrueufes des Fleuriftes, fi variées parmi les *renoncules*, les *tulipes*, les *œillets*, &c.

On reproche au premier, d'avoir de fon côté, trop reftreint le nombre des

espèces, d'avoir pris pour variétés, des
espèces qui paroissent constantes, telles
que les diverses *luzernes*, n°. 9. *Syst. Nat.*
d'où il arrive que quoique le Chev. LINNÉ
ait connu un bien plus grand nombre de
plantes que TOURNEFORT, celui-ci paroît en avoir publié davantage ; mais il
importe d'observer que dans ses Élémens
de Botanique, les variétés sont réellement placées au nombre des espèces, &
peuvent induire en erreur ; au lieu que
dans l'Ouvrage du Chev. LINNÉ (*b*), où
les variétés ne sont pas comptées, celles
qui présentent quelques signes remarquables, se trouvent constamment annon-
cées & désignées. Il ne sauroit donc en
résulter aucun inconvénient (*c*).

Quant aux descriptions qui caractérisent chaque espèce, elles different dans
les deux Auteurs, en raison de leurs principes sur les caractéres spécifiques. Les
descriptions des plantes sont des définitions

DESCRIP-
TIONS.

(*b*) *Species plantarum.*
(*c*) Aucun Botaniste n'a peut-être, fait autant d'efforts
que le Chev. LINNÉ, pour distinguer parfaitement les
variétés, des espèces. Il seroit à souhaiter qu'à son
exemple, on multipliât les recherches, pour assigner
entr'elles, des limites stables. Il a travaillé à reconnoître
leurs rapports, & leurs différences, jusques dans les
cotyledons. Voy. le *Geranium*, n°. 27. pag. 951. *Spec.*
Pl. Edit. 2. Anciennément, il l'avoit joint au *Geranium*
cicutarium n°. 9. duquel ses observations le separent
aujourd'hui.

qui doivent contenir tous les attributs distinctifs, & rien au-delà.

TOURNEFORT a perfectionné les descriptions de ses Prédécesseurs ; le plus souvent il a adopté celles de G. BAUHIN, dont le mérite consiste dans la clarté & dans la précision. Le Chev. LINNÉ s'est encore ouvert ici, une route nouvelle ; il a considéré des attributs plus constans & plus multipliés ; ayant à décrire de nouvelles observations, il a employé des termes nouveaux qui épargnent de longues périphrases, & suppléent seuls, à des descriptions.

SYNONY-MES. L'un & l'autre après avoir décrit chaque espèce, suivant leur méthode, citent les meilleurs *synonymes* ou *phrases* des Auteurs ; on appelle ainsi, les descriptions particuliéres, par lesquelles les anciens Botanistes ont fait connoître les plantes.

NOM TRI-VIAL. Indépendamment de ces synonymes, le Chev. LINNÉ joint à chaque espèce, un nom *trivial* ; il entend par ce mot, un nom très-court, tiré de celui que la plante a anciennement porté, de celui par lequel des Auteurs célébres l'ont fait connoître, de celui du pays qu'elle habite, quelquefois de ses attributs particuliers, différens des caractéres du genre & de la classe, souvent de la durée de cette même plante,

de

de la forme constante de ses feuilles, de la disposition de ses fruits, de l'usage qu'elle a dans les arts ou dans la médecine, &c. Cette épithéte, rapprochée du genre, suffit pour rappeller l'espèce : c'est un surnom qui distingue la personne.

Rapportons des exemples. M. de TOUR-NEFORT, pour désigner la plante qu'on nomme, *corne de cerf*, l'appelle, *coronopus hortensis.* C. B. P.

Coronopus des jardins. Phrase de GAS-PARD BAUHIN, dans son Pinax.

Il cite ensuite deux ou trois synonymes des plus connus, tels que : *Coronopus, sive cornu cervinum vulgò, spicâ plantaginis.* J. B. hist. C'est-à-dire, *coronopus, vulgairement appellé, corne de cerf, à épi de plantain. Synonyme de JEAN BAUHIN, dans son histoire des plantes.*

Il a décrit dans cette forme, environ 10000 espèces ou variétés.

Le Chev. LINNÉ (*d*), après avoir réuni la même plante, au genre des *plantains* dont elle ne différe que par les caractéres spécifiques, la décrit ainsi :

Plantago foliis linearibus dentatis, scapo tereti.

Plantain à feuilles linéaires, dentées, dont la tige est une hampe cylindrique.

(*d*) *Species Plantarum.* Holm. 1753. pag. 115.

Part. I.   P

Ces signes suffisent à le distinguer des autres *plantains* connus, & son nom trivial, emprunté de l'ancienne dénomination, est *plantago coronopus.*

L'Auteur cite ensuite quelques synonymes, parmi lesquels on retrouve celui qu'on a rapporté ci-dessus. Il en ajoute un autre, par lequel G. BAUHIN avoit annoncé une variété de la même plante, sous une autre description ; à ce nouveau synonyme, il joint une lettre grecque qui sert à indiquer que ce n'est qu'une variété de l'espèce.

Par un autre signe, il caractérise la durée de la plante ; il indique qu'elle est vivace ; il annonce le pays dans lequel on la trouve, la nature du terrein où elle se plaît, l'exposition, &c.

On a dit que l'Auteur emploie quelquefois les parties mêmes de la fructification, à la description des espèces, c'est principalement dans le cas où l'espèce à décrire, fournit des caractéres qui font exception à ceux qui constituent le genre ; il en forme alors le caractére spécifique.

Par exemple, les *lychnis* sont de la *décandrie - pentagynie*, & par conséquent doivent avoir dix étamines & cinq pistils ; cependant il se trouve une plante qui, en considérant l'ensemble de tous ses caractéres, est évidemment un *lychnis*, mais dans qui les fleurs mâles sont séparées des femelles, sur des pieds différens. Ce nouveau caractére devient celui de l'espèce, & au lieu de la décrire comme BAUHIN & TOURNEFORT :

Lychnis sylvestris, alba, simplex. Lychnis sauvage, blanc, simple ;

Il se contente de dire : *Lychnis floribus dioicis. Lychnis* dont les fleurs sont de la *dioecie* ; & il le nomme trivialement, *Lychnis dioica.*

C'est ainsi que le Chev. LINNÉ a décrit près de 8000. plantes, sans y comprendre les variétés.

Nous observerons à l'égard des principes de nos deux grands Maîtres, sur l'établissement des espèces, la même régle que nous nous sommes prescrites, sur leur méthode en général. Nous chercherons à profiter des uns & des autres, & nous les emploirons également, dans les Démonstrations.

PLAN DES DÉMONSTRATIONS.

Nous reconnoîtrons pour *variétés*, toutes les plantes provenues de graines d'une même espèce : quelles que soient la couleur, l'odeur & les autres accidens que la

culture , l'expofition , ou le hazard auront
pu y apporter (*e*).

Nous admettrons pour *efpèce* , toute
plante qui dans quelques-unes de fes parties , offre des différences primitivement
& effentiellement diftinctes.

Pour décrire l'efpèce , nous nous fervi-
rons, en général , des caractéres reftreints
& perfectionnés par le Chev. LINNÉ ,
confidérés dans les feuilles , dans les racines , & dans le port , qui comprendra les
tiges , les fupports , la détermination des
feuilles , la difpofition des fleurs & des
fruits , l'habitude générale de la plante.

Mais n'ayant qu'un petit nombre de
plantes à démontrer , & voulant les faire
reconnoître de la maniere la plus facile ,
à des éleves qui ne font pas appellés à
approfondir la fcience , mais à chercher
& à découvrir des plantes ufuelles dans
les champs , plutôt que dans les jardins ,
nous n'héfiterons point d'ajouter aux vrais
caractéres fpécifiques , ceux que le goût
de la plante , l'odeur , la couleur même ,
nous fourniront, lorfque nous les croirons
affez conftans & affez remarquables , pour
pouvoir fervir d'indication.

Nous annoncerons pareillement le lieu

____

(*e*) *Voy. ci-deffus , pag.* 128.

natal, la durée, les vertus & les usages les plus reconnus, principalement dans l'Art Vétérinaire.

La description des espèces, envisagées sous toutes ces faces, sera précédée de celle du *genre* considéré dans les parties de la fructification, dans la fleur & dans le fruit, suivant les principes de la méthode adoptée, & dans l'ordre de ses classes & de ses sections. On emploira néanmoins, dans la description, les observations modernes, comme plus exactes, plus multipliées & plus précises (*f*).

Quant aux dénominations du genre & de l'espéce, la premiere sera Françoise, & comprendra le nom *officinal*, ou du moins le nom le plus connu. La phrase latine de TOURNEFORT, ou des Auteurs qu'il a cités, suivra immédiatement ; à la suite, viendra le nom générique & spécifique *trivial* du Chev. LINNÉ, auquel on

______

(*f*) *Voyez l'Avertissement.* On a moins mis en usage les observations modernes, dans les deux premieres classes, que dans les suivantes ; les caractéres de ces classes ont paru faciles à saisir, sans leur secours. Il est inutile d'avertir que lorsqu'on a eu à démontrer une espéce d'un genre déjà décrit, on s'est cru dispensé de répéter les caractéres génériques : on a renvoyé au genre ; & lorsque, dans la méthode adoptée, l'espéce compose un genre différent, on a indiqué le caractére particulier qui la distingue, sans l'adopter comme véritablement générique.

ajoutera tous les noms étrangers dont on aura pu s'instruire.

Tel est le plan qu'on a suivi, & par lequel on a cherché à rassembler, dans des espèces de tableaux, sous un point de vue simple & rapproché, un grand nombre d'instructions fondées sur les observations les plus certaines & les plus utiles : *Que le Botaniste*, dit le Chev. LINNÉ, *établisse les vertus des plantes, sur la fructification, après avoir observé leur goût, leur odeur, leur lieu natal* (g).

A l'égard des usages & des propriétés, on s'est contenté de les indiquer. Les principes qui doivent diriger sur ce point, sont développés dans la *Matière Médicale raisonnée* ; on y renvoie également, pour l'explication des termes pharmaceutiques qu'on a employés.

Dans le choix des plantes usuelles, on a préféré celles qui se trouvent facilement, ou dont la culture est aisée ; on ne s'est pas borné aux plantes qui sont d'un usage journalier ; on a décrit toutes celles dont on peut attendre quelques secours ; on en a même démontré plusieurs dont on révoque en doute les vertus ; on a pré-

______

(g) *Vires plantarum à fructificatione desumat Botanicus, observato sapore, odore, colore & loco.* Phil. Bot. pag. 278.

tendu par là, prémunir les Éleves contre
l'éloge dangereux qu'en font quelques
Auteurs.

On a le plus souvent, déterminé les
doses convenables pour l'homme ; on a
essayé pareillement d'indiquer celles qui
conviennent aux animaux ; mais les ex-
périences, quelque multipliées qu'elles
ayent été jusqu'à ce jour, dans l'École
Royale Vétérinaire, ne font pas affez
répétées pour qu'on puiffe donner ces
indications comme des régles précifes ; il
eft tout au moins dangereux de vouloir
fixer des réfultats, lorfqu'on eft encore
occupé à l'obfervation (*h*).

(*h*) Voyez la Préface de la Matiere Médicale à l'ufage
de l'École Royale Vétérinaire, *pag. x. & fuiv.*

Fin de l'Introduction à la Botanique.

INSTRUCTION

SUR LA RÉCOLTE

ET LA DESSICATION

DES PLANTES,

Relativement à la formation d'un herbier, & à leur usage en Médecine ;

SUIVIE de quelques Principes généraux sur la Décoction, l'Infusion & la Macération ; extraits de SYLVIUS & des Cours particuliers de Mr. ROUELLE Démonstrateur en Chymie.

ON recueille & l'on desseche les plantes pour les observer & les reconnoître, ou pour les employer & en faire des médicamens ; sous ce double point de vue, il est plusieurs objets sur lesquels le Botaniste Pharmacien doit être instruit ; mais nous devons nous borner à quelques principes, dans une matière où l'usage & la pratique, sont aussi essentiels que les préceptes.

RÉCOLTE DU BOTANISTE.

HERBIER, DESSICATION.

I.

On ne distingue les plantes avec certitude, qu'au moyen des caractéres que fournissent les fleurs & les fruits ; il faut donc les examiner dans le tems de la floraison & de la maturation ; mais ce tems est court, & le lieu qu'on habite, fournit rarement toutes les espèces qu'il importe de connoître. Pour y suppléer, on a imaginé de dessécher les plantes ; par ce moyen, on les a facilement & en tout tems, sous les yeux. Lorsqu'elles sont séches, on les place dans des feuilles de papier blanc, qu'on range par ordre, suivant la méthode botanique qu'on a adoptée ; on dispose ces feuilles en forme de livre, ou dans des porte-feuilles : c'est ce qu'on nomme, un *herbier*, un *jardin sec*.

II.

La forme de porte-feuille paroît préférable pour l'herbier, parce que chaque
plante y occupe une feuille détachée, &
peut être déplacée à volonté, sans qu'on
risque de la casser; il est inutile de la coller
sur la feuille, ce qui devient indispensa-
ble à l'égard de celles qu'on tient dans
des livres, & l'on sait que la colle attire
les mites & autres insectes destructeurs.
S'il est des plantes qu'on veuille absolument fixer, on peut se servir de la cire
d'Espagne, ou bien les coudre sur le
papier. L'herbier doit être tenu dans un
lieu sec, renfermé, garanti de l'air extérieur; on doit le visiter de tems en
tems, pour détruire les mites & les *larves*
d'insectes qui s'y introduisent.

III.

Les plantes destinées à être desséchées
pour l'herbier, doivent être cueillies dans
un tems sec, lorsque le soleil a enlevé
l'humidité de la rosée, à l'heure où les
fleurs sont épanouies & les feuilles étendues; sinon les couleurs se perdent, les
feuilles noircissent, les fleurs pourrissent,
les unes & les autres s'arrangent difficilement, lorsqu'on veut les mettre en presse.

IV.

On doit prendre deux ou trois pieds de chaque plante, afin de pouvoir les comparer, & de s'assurer par là, que l'individu que l'on cueille, n'est pas une variété de l'espèce ; on a attention de choisir, autant qu'il est possible, des sujets garnis de toutes leurs parties, racines, tiges, & surtout de leurs fleurs, de leurs fruits, des feuilles supérieures & inférieures qui souvent sont très-différentes dans leurs formes. A l'égard des arbres, on est forcé de se restreindre aux feuilles, aux parties de la fructification, ou tout au moins, à ne cueillir que l'extrémité des jeunes branches.

V.

Les plantes les plus utiles ne se trouvent souvent que dans des lieux éloignés, & surtout sur les hautes montagnes ; les voyages qu'on entreprend pour aller les chercher, se nomment *herborisations* ; & comme en *herborisant*, on n'est pas toujours à portée de faire dessécher les plantes sur le champ, on doit, dans l'intervalle, les envelopper dans des écorces, ou plutôt les enfermer dans des boëtes de fer blanc, qui puissent facilement se porter dans la poche ; les

plantes, quoiqu'un peu froiſſées, s'y con-
ſerveront fraîches, un jour entier.

VI.

On doit être pourvu d'une grande
quantité de papier gris, ſans colle, &
épais. On met un paquet de trois ou quatre feuilles de ce papier, ſur une table;
on étend ſur la ſurface, la plante qu'on
veut deſſécher; on écarte, on développe
toutes ſes parties; on en détache & l'on
en rejette quelques-unes, afin qu'aucu-
nes ne ſe recouvrent, s'il eſt poſſible.
On a ſoin ſur-tout, de ranger les parties
de la fleur, de maniere que la fructification ſoit bien à découvert, & recon-
noiſſable après la deſſication. Si la plante
eſt plus haute que la feuille de papier, on
peut couper ſa tige, & placer la racine
à côté d'elle, ou ſur d'autres papiers.
On applatit avec le pouce, les tiges herbacées qui ſont trop groſſes, & qui em-
pêcheroient la compreſſion d'agir ſur les
autres parties de la plante. Si les calices
ont trop d'épaiſſeur, comme dans la famille des *compoſées*, on les coupe verticalement par le milieu, de maniere qu'il
y reſte des fleurons & des ſemences, &c.
On peut auſſi couper longitudinalement
les tiges trop épaiſſes & trop dures, &

même les fruits, parmi lesquels un grand nombre ne peuvent entrer dans l'herbier, lorsqu'ils ont acquis leur accroissement.

VII.

Lorsque la plante est bien étendue, on la couvre de trois ou quatre feuilles de papier, sur lesquelles on dispose de la même maniere, une nouvelle plante ; lorsque celle-ci est disposée, on la recouvre à son tour, on en place une troisieme, & successivement toutes celles qu'on a rapportées de l'herborisation. Cette opération faite, on recouvre la pile d'un carton fort ou d'une planche que l'on charge de quelque corps pesant ; il est encore mieux de la placer sous une presse dont on ménage la force à volonté. Dans le cas où le tas de papier & le nombre de plantes, paroîtroient trop considérables, il est à propos de les diviser en deux, ou du moins de placer dans le milieu, un carton ou une planche qui arrête la communication de l'humidité, & qui fasse agir la pression avec égalité dans le centre du tas & aux extrémités.

VIII.

Les plantes ne doivent rester en presse que douze ou quinze heures au plus ; ce tems paffé, il faut les tirer de leurs papiers qui fe font chargés d'une grande quantité de parties aqueufes; fi on les y laiffoit plus long-tems, elles commenceroient à noircir, & ne fe deffécheroient pas affez promptement; on ne doit fe flatter de conferver le verd des feuilles & les couleurs des pétales, qu'en accélérant la deffication. On découvre donc les plantes fucceffivement, & on les place comme ci-devant, fur des paquets de nouvelles feuilles bien féches. C'eft le moment où l'on acheve de ranger les feuilles des plantes, & les autres parties qui confervent encore leur flexibilité; avec la tête d'une groffe épingle, on étend celles qui font froiffées ou repliées; on fépare celles qui fe recouvrent, &c. On difpofe chaque efpèce, dans la fituation qu'on veut lui conferver, & on remet le tas fous la preffe.

I X.

On peut dans cet état, laiffer les plantes deux fois vingt-quatre heures, fans changer leurs papiers, fi fur-tout on a interpofé un grand nombre de feuilles; on les renouvelle enfuite une troifieme, une quatrieme fois, &c. A chaque changement, on n'emploie que des papiers bien desséchés ; si on en manque , avant de s'en servir , on fait dissiper toute leur humidité , devant le feu ou dans le four ; on ne doit cesser d'en donner de nouveaux aux plantes , que lorsqu'on s'apperçoit qu'elles commencent à acquérir assez de solidité pour se soutenir dans toutes leurs parties , lorsqu'on les souleve par leurs tiges ; alors il n'est plus nécessaire de les tenir aussi fortement comprimées ; ce qui leur reste d'humidité s'évapore avec d'autant plus de facilité , que la pression est moins forte (*a*) ; il ne faut cependant pas les laisser totalement libres, plusieurs feuilles se crisperoient. On ne renouvelle plus les papiers ; la dessication s'acheve au bout de quelques mois ; on peut alors ranger les plantes dans l'herbier , & si l'on juge qu'elles conservent encore quelque humidité interne , on les fera mettre une heure ou deux , dans un four dont la chaleur soit telle que la main la supporte sans peine ; mais on doit craindre dans cette opération , que les plantes ne deviennent trop cassantes , & ne perdent leurs couleurs.

(*a*) Quelques Botanistes suivent un usage différent ; dans les commencemens, ils chargent très-peu leurs plantes , & ils en augmentent successivement la compression. L'une & l'autre méthode peut être bonne ; tout l'art consiste à accélérer la dessication.

X.

X.

On ne sauroit assez recommander de ne pas entasser les plantes, en trop grand nombre, soit dans le tems où l'on renouvelle les papiers, soit dans celui où on ne les change plus. Si la pile est trop forte, il s'éleve dans le centre, une fermentation qui bientôt est suivie de corruption, de moisissure, & de la perte des plantes. Il convient donc, en renouvellant les papiers, de séparer en différens tas, les plantes qui se desséchent plus ou moins vite. Les *mousses*, les plantes *graminées*, les feuilles de plusieurs arbres, n'ont besoin d'être changées que deux ou trois fois ; mais les plantes grasses & aqueuses conservent long-tems leur humidité, & demandent plus de soins ; il faut écraser leurs tiges, & souvent pour empêcher que les feuilles ne s'en détachent, on est obligé de précipiter la dessication, au moyen d'un fer chaud qu'on passe à différentes reprises, sur les papiers qui les recouvrent ; on les expose ensuite quelque tems à l'air ; après quoi on les replace sous la presse, dans de nouvelles feuilles de papier sec.

XI.

En prenant les précautions indiquées, on conserve la couleur des feuilles, & celle même de plusieurs pétales ; mais s'ils sont épais, aqueux, & sur-tout rouges, violets ou bleus, ils la perdent à la longue, quelque soin qu'on y donne. On parvient cependant à la conserver au plus grand nombre, par une nouvelle pratique ; après avoir applati, écrasé & rangé toutes les parties de la plante de la maniere qu'on vient de décrire, on change les feuilles de papier, qui sous la presse, se sont chargées de la premiere eau, & l'on couvre la plante d'une ou deux autres feuilles sur lesquelles on étend du sablon fin, de l'épaisseur d'un pouce. On l'expose ainsi, à la chaleur du soleil, pendant plusieurs jours ; on la retire avant la rosée ; l'humidité s'échappe au travers des interstices que laissent les grains de sable, & la dessication devenant plus prompte, les couleurs se conservent plus sûrement.

XII.

On se sert à peu près de la même méthode, pour dessécher les fleurs de jardin, avec tout leur éclat, sans les écraser, & en conservant leur forme ; on réussit sur-

tout sur les *œillets*, les *anémones*, les *renoncules*, & toutes les fleurs peu fucu-
lentes. On cueille la plante, dans un tems
fec, dès l'inftant qu'elle eft parfaitement
épanouie. On a un bocal cylindrique,
dont l'orifice eft du même diametre que
le bocal entier ; on place dans le fond,
un petit morceau de cire molle ; on y
fixe l'extrémité de la queue de la fleur,
de maniere qu'elle fe foutienne perpendiculairement dans le bocal ; on y verfe
alors un fablon bien lavé & bien fec ;
on l'introduit doucement, & de forte qu'il
recouvre exactement toutes les parties de
la plante, fur-tout les pétales de la fleur ;
on expofe enfuite le bocal au foleil, fans
le couvrir ; au bout de quelque tems, la
fleur eft parfaitement defféchée, fans que
fes couleurs foient altérées. On lui rend
l'odeur qui lui eft propre avec des effen-
ces, ou au moyen d'une poudre odorante qu'on infinue jufqu'à l'infertion des
pétales.

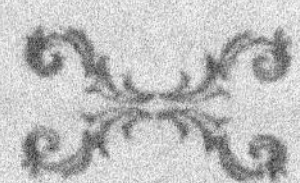

RÉCOLTE DU PHARMACIEN.

I.

SI l'on considére la vertu des plantes, celles qui font produites dans leur climat naturel, font préférables à celles que l'on fait pousser par art, dans des climats qui leur font étrangers. Malgré tous les soins qu'on prend pour suppléer à la température, les parties qui composent la plante, c'est-à-dire les fleurs, les fruits, les écorces, les racines, n'acquiérent jamais la même vigueur ; les principes n'y font plus dans la même proportion ; leurs facultés font nécessairement affoiblies.

I I.

Parmi l'étonnante quantité de fimples que la nature nous offre, il eft des plantes qui fe plaifent dans les bois, d'autres dans les plaines, d'autres fur les montagnes ; celles-ci ne fe montrent que dans des lieux arides & pierreux ; celles - là recherchent les marais & les lieux aquatiques ; d'autres croiffent fur la furface ou au fond de l'eau ; or il eft effentiel de les cueillir chacune, dans le lieu qui leur eft propre ; les plantes qui aiment les bois, perdent leurs facultés, dès qu'elles font transplantées & cultivées dans les jardins; quoique sous le même climat, une poignée de plantes spontanées est plus efficace que plusieurs poignées entieres de simples cultivés.

I I I.

Le choix de la saison n'est pas moins important pour la récolte des plantes & des parties qui les composent. Il en est qui font dans leur état de vigueur au printems, d'autres en automne, d'autres en été, quelques-unes demandent à être cueillies en hiver. Chaque partie de la plante a pareillement ses tems différens; les racines peuvent être cueillies en toute saison, pourvu qu'elles soient charnues. Dans les plantes herbacées, quelques racines deviennent ligneuses, à mesure que leur tige monte; elles perdent alors leurs vertus, & l'on doit les ramasser avant l'entier développement de la tige.

I V.

Quelques Auteurs conseillent de prendre les racines au printems; ils prétendent que l'hiver laissant les parties de la plante dans un état de repos, les sucs se conservent dans la racine, qui en pompe encore quelques-uns, malgré la rigueur du froid, ils en concluent qu'elles ont alors plus de parenchyme, & moins de parties ligneuses; au lieu qu'en automne, elles font privées des fucs qu'elles ont fourni pour le développement de la plante, qui ne fauroit en tirer de nouveaux.

L'expérience enfeigne, au contraire, que la plupart des racines fouffrent confidérablement pendant l'hiver, & ne fe confervent qu'au moyen des fucs dont elles fe font pourvues pendant l'automne. La plus grande vigueur des racines *vivaces*, paroît être quelques mois après la maturité de leurs graines; & celles des *bis-annuelles*, après le développement des feuilles. De même, la plus grande force de la plante eft pendant l'été; elle pouffe fa tige, développe fes fleurs, fes fruits, fes femences; l'automne furvient, bientôt la végétation ceffe dans la tige; les racines épuifées fucent de nouveaux fucs, & ne font plus contraintes d'en fournir aux feuilles & aux fruits, qui prêts à tomber ne demandent plus aucune nourriture. Toute la végétation fe concentre donc alors, dans les racines; elles fe rempliffent des meilleurs fucs, bien différens de ceux dont elles font pourvues au printems; ces fucs aqueux, mal élaborés, fe corrompent facilement, &

par une suite nécessaire , les racines cueillies en ce tems, pourrissent avec une grande
facilité. La racine d'*angélique* tirée de la
terre , au printems, ne peut être gardée
qu'une année ; elle perd beaucoup à la dessication , les vers s'y mettent bientôt ; tandis qu'on garde celle qu'on ramasse l'automne , trois ou quatre ans , sans avoir
rien à craindre de ces animaux.

V.

Quelques personnes rejettent indistinc-
tement toute racine rongée par les vers.
On doit savoir que les parties de plusieurs
plantes ne sont purgatives qu'à raison de
la résine qui abonde dans leur tissu ; &
qu'il en est qui ne doivent leurs effets &
leurs vertus qu'à la résine. Si l'on y laisse
les parties ligneuses , ce n'est que par l'im-
possibilité où l'on est, de les séparer. Les
vers font ce travail : ils rongent le bois
& ne touchent point à la résine. Les racines résineuses , piquées des vers , n'ont
donc rien perdu de leur qualité.

V I.

Les bois peuvent être ramassés en tout
tems ; il faut seulement observer de ne
les tirer que des arbres qui ne sont ni
trop jeunes , ni trop vieux. Les écorces

doivent toujours être prifes fur les jeunes
bois & dans l'automne , à l'exception des
écorces d'arbres réfineux , qu'il faut recueillir avant que la féve foit en mouvement. Les vieilles écorces font fans vertu ; ce ne font plus que des fquelettes
terreux , privés de la végétation ; leurs
vaiffeaux obftrués ne reçoivent plus les
fucs nutritifs ; c'eft pourquoi l'on voit
plufieurs écorces fe détacher & tomber
d'elles - mêmes : l'*orme* , le *cerifier* , la
quintefeuille en arbre , en fourniffent des
exemples.

V I I.

Le tems de cueillir les feuilles , eft celui
où le bouton des fleurs commence à fe
montrer. Celui de cueillir les fleurs qu'on
ne doit jamais féparer des calices , eft
marqué par le moment de leur épanouiffement ; leur vertu eft alors plus confi-
dérable qu'elle ne feroit fi on les eût ra-
maffées avant ce tems ; les *rofes de
provins* épanouies font un purgatif, avant
leur épanouiffement, elles ne font que ftip-
tiques. Après l'entier développement ,
la vertu de la plante fe diffipe ; mais
il eft des exceptions à ce principe ;
Les plantes *aromatiques* n'acquiérent leur
efficacité , qu'après la chûte de la fleur ,

& lors de la parfaite maturité de la semence.

VIII.

Le corps ou l'amande de la semence,
n'est pas odorant en lui-même, il n'est
qu'émulsif; la partie aromatique odorante
réside dans ses membranes intérieures,
logée dans une infinité de petites vési-
cules. La partie odorante des *labiées*, est
enfermée dans le calice & dans la partie
intérieure de l'écorce ; le pétale n'en a
point, ou très-peu. Si l'on sépare les pétales du *romarin*, pour les faire sécher,
on n'en obtiendra qu'une huile essentielle;
L'esprit recteur ou aromatique qui leur
restera, sera en petite quantité, & se dis-
sipera très-promptement. Il est donc
essentiel dans ces sortes de plantes, de
cueillir les calices avec les pétales.

IX.

Quant aux *liliacées*, elles n'ont point
de calice ; toute leur odeur réside dans
les pétales, & leurs parties aromatiques
fixées dans la poussiere fécondante, sont
si volatiles, qu'on ne peut les retenir &
qu'on ne les apperçoit qu'en certain tems.
Ces plantes perdent bientôt leur odeur,
& ne l'acquiérent qu'au tems de leur

fécondité ; avant l'épanouissement des pétales, elles n'en ont point ; quand elles défleurissent, elles n'en ont plus. C'est ainsi que dans le tems destiné à la fécondation, il se fait chez les animaux, une émanation de corpuscules odorans, par le moyen desquels le mâle est averti, & sent que la femelle est en chaleur. Il est donc inutile de travailler à dessécher les plantes *liliacées* ; si l'on veut en tirer les parties actives, il faut les cueillir dans le moment de la fécondation ; & l'on ne peut fixer leurs parties aromatiques, qu'en les enchaînant dans des huiles essentielles.

X.

Plusieurs plantes ont des fleurs trèspetites ; on ne peut conserver leurs vertus sans prendre en même tems, les feuilles & souvent les tiges : sinon on donneroit lieu à une trop grande dissipation des parties actives. Les petites plantes s'emploient toutes entieres, & ne doivent être cueillies que lorsqu'elles sont en vigueur, c'est-àdire, lors de la floraison.

X I.

Il faut attendre la parfaite maturité des semences, pour les ramasser ; celles qui sont renfermées dans des fruits charnus,

en doivent être séparées , autrement elles
se gâteroient ; d'autres demandent à être
conservées dans leurs capsules , telles sont
la plupart des *aromatiques*. Les fruits doivent être choisis mûrs ou non mûrs , selon
leur destination ; si l'on veut en tirer un
acide , il faut prévenir la maturité ; l'attendre , si on desire un fruit agréable &
sain.

X I I.

On fait usage en Médecine , des plantes fraîches ou des plantes desséchées :
celles-ci suppléent aux premieres qu'on
ne peut avoir dans toutes les saisons.

Les plantes fraîches doivent être cueillies un peu après le lever du soleil &
dans un beau jour , soit pour en faire une
décoction , soit pour en faire une distillation.

Celles que l'on se propose de dessécher , doivent être déchargées de l'humidité qui n'entre point dans leur composition. On les cueillera après que le soleil
l'aura totalement enlevée , sur le midi ,
dans un jour beau & serein , autrement
ces plantes se gâteroient & se corrom-
proient.

XIII.

On doit avoir égard à l'âge des plantes ; l'enfance, l'adolescence, la maturité, la vieillesse sont pour elles, des états très-différens, d'où résultent souvent des propriétés opposées.

Les feuilles de *mauve* & de *guimauve* étant jeunes, sont d'excellens émolliens & mucilagineuses ; dans la vieillesse, elles deviennent astringentes, & donnent un acide remarquable par sa stipticité. Cette considération est importante, parce qu'en croyant donner un lavement émollient, avec de pareilles plantes, on peut augmenter la douleur, au lieu de l'appaiser. Leur stipticité dans la vieillesse, provient d'un acide développé, qui pendant la jeunesse, étoit absorbé dans une grande quantité d'eau. On observe la même chose, dans les tiges & dans toutes les parties de plusieurs plantes. Les tiges d'*apocin*, qu'on mange en Amérique, sont agréables, nourrissantes & saines dans leur fraîcheur ; elles deviennent un vrai poison en vieillissant.

XIV.

On pourroit citer plusieurs exemples de la diversité des vertus d'une même plante, considérée dans ses différens âges.

Le raisin en fournit un des plus connus &
des plus frappans ; après la fleur, le jeune
raisin est acerbe, terreux, laissant dans
la bouche une impression semblable à
celle des astringens ; il s'accroît & grossit,
en même tems se développe en lui, un
acide dont l'activité augmente chaque
jour ; dès que le raisin tourne, & commence à se colorer, il se mêle de la dou-
ceur à l'acidité ; peu à peu le goût en devient agréable ; enfin son suc produit du
vin. Si on le laisse plus long-tems sur le
cep, le suc se corrompt ou se dissipe en
partie, par l'évaporation. On voit par-là
combien l'âge influe sur la nature des
productions végétales.

DESSICATION
POUR LA PHARMACIE.

I.

L'Objet de la dessication est de priver
les plantes, de l'eau qui a servi à la végétation. Elle est plus ou moins abondante
dans elles ; on en juge à leur poids, en
les comparant avant & après leur dessication.

I I.

Plus les plantes font promptement def-féchées, mieux elles fe confervent ; il faut, s'il eft poffible, qu'elles ne perdent ni leur couleur ni leur odeur : en général, elles doivent fécher à l'air & au foleil, ou dans un grenier qui y foit expofé.

Tous les corps font dans des vibrations continuelles, qu'ils doivent à l'action du feu qui paffe fans ceffe d'un corps dans l'autre, & qui produit en eux, différens degrés de raréfaction. L'air, à l'aide de cet agent, entre plus ou moins facile-ment, dans les pores que lui préfente la furface de ces mêmes corps. Outre la pefanteur & l'agitation continuelle qui exiftent dans l'air, il eft encore chargé de parties d'eau. Quel froiffement ne doivent donc pas produire cette pefan-teur & cette agitation, fur-tout fi elles font aidées par l'humidité que l'air charrie? Prenez une plante parfaitement defféchée, pefez-la, laiffez-la expofée à l'air libre, pendant quelque tems ; pefez-la de nou-veau : vous trouverez que le poids eft augmenté, parce que l'air en la pénétrant, lui a communiqué des parties d'eau dont il étoit chargé. Or l'eau eft le principal inftrument de la fermentation, & que ne doit-il pas arriver aux sucs qu'on vouloit conserver dans la plante, si ce n'est une décomposition totale de ces mêmes sub-stances, & leur altération?

III.

Pour parvenir à conserver la couleur & les vertus des plantes humides, elles doivent être desséchées avec toute la promptitude possible, ainsi que celles qui n'ont que peu de principes résineux, telle que la *mélisse*, la *bourrache*, la *véroni-que*, &c. Dans une dessication lente, elles sont exposées à souffrir un degré de fermentation, proportionné à la nature & à la quantité des sucs fermentescibles qu'elles contiennent. Les plantes qui ont ces principes moins abondans & moins de sucs aqueux, comme la *sauge*, le *roma-rin*, &c. perdent moins en séchant len-tement, & leur vertu diminue beaucoup, lorsqu'on les expose au soleil ou dans une étuve, pour les faire sécher rapidement.

IV.

Les plantes inodores demandent de la célérité & les mêmes précautions, dans la dessication. On doit les exposer dans un lieu bien aéré, autrement l'humidité qui doit s'en séparer, ne s'évapore pas assez

vîte ; il s'y fait de nouvelles combinai-
fons ; la plante devient noire & pourrit.

V.

Les plantes odorantes, defféchées avec
promptitude, gardent leur couleur verte,
& durent long-tems ; il faut s'attacher fur-
tout à conferver leurs parties odorantes ;
c'eft dans elles que réfident les propriétés des végétaux. Doit-on donc les deffé-
cher à l'ombre, dans du papier, & dans
un endroit expofé au vent du Nord, ou
faut-il pour en obtenir la deffication, les
expofer au foleil ?

Les partifans de la premiere opinion
prétendent que ce dernier procédé prive
les plantes de leurs parties actives & odorantes : puifqu'il eft établi par plufieurs
analyfes, qu'un degré de feu très-médio-
cre, fuffit pour les enlever.

Les fectateurs du fyftême oppofé, répondent que les plantes renfermées dans
l'alambic, font foumifes à une chaleur qui
agit avec bien plus de force que le foleil
auquel on les expofe à l'air libre ; mais
le premier fentiment paroît préférable à
l'autre : il eft autorifé par une multitude
de faits auxquels il n'eft pas poffible de
réfifter.

VI.

V I.

Il est des plantes aromatiques qui gardent leur odeur si opiniâtrément, comme l'*absinthe*, qu'on ne risque pas de les faire sécher à l'air libre ; mais il convient d'envelopper de papier, celles dont l'odeur est volatile & foible. Quelques plantes doivent être desséchées avec les fleurs & les feuilles tout ensemble : telles sont les *menthes*, le *millepertuis*, la *germandrée*, &c. On doit envelopper leurs sommités dans des cornets de papier, en faire de petits paquets, les lier & les suspendre à l'air. Ces précautions conviennent à toutes les plantes dont les fleurs peuvent conserver leur couleur, comme la petite *centaurée* ; le rouge se change en jaune, s'il reste exposé à l'air. On peut garder ces herbes bien desséchées, près de trois ans, sans qu'elles perdent leurs propriétés.

V I I.

Le *caille-lait* à fleurs jaunes doit être exactement desséché en douze heures ; il abonde en miel ; si la dessication n'est pas prompte, le miel fermente & devient acide : tous les sucs en sont bientôt altérés ; c'est pour cette raison qu'il fait

Part. I. R

cailler le lait. Les fleurs du *sureau* sont
à-peu-près dans le même cas : il faut les
faire sécher d'abord après la récolte , si
on veut les avoir belles, & l'on ne doit pas
attendre qu'elles quittent leurs péduncules , cette chûte ne pouvant être attribuée
qu'à la fermentation qu'elles ont déjà
éprouvée.

VIII.

Lorsque les fleurs ont peu de consistance,
comme dans la *matricaire* , le *scordium* ,
on les dessèche sans les séparer des tiges, &
lentement , parce qu'elles ont peu d'eau.
En général , les fleurs des plantes ligneuses , comme la *mélisse* , la *bétoine* & toutes celles d'une consistance solide , peuvent être séparées des tiges. On fait aussi
sécher séparément , les feuilles & les fleurs
de la *camomille romaine* ; on peut encore
détacher les fleurs de la *mauve* avec le
calice , & les faire sécher seules , très-
promptement au soleil , ainsi que celles
du *mélilot* ; quoique petites , elles ont de
la consistance ; ses tiges sont grandes &
embarrasseroient. A l'égard des *roses de
provins* , il faut couper leurs boutons , &
leur ôter l'onglet.

I X.

Avant de faire fécher les plantes, ou quelques-unes de leurs parties, on en fépare les herbes étrangéres, & toutes les feuilles mortes ou fanées. On les expofe à l'ardeur du foleil, ou dans un endroit chaud ; on a foin de les étendre fur des toiles garnies d'un chaffis de bois, que l'on fufpend pour donner à l'air, une libre circulation. On les remue plufieurs fois le jour ; on les laiffe ainfi expofées, jufqu'à une parfaite deffication, ayant foin qu'elles ne foient pas amoncelées les unes fur les autres ; l'humidité s'arrête dans les endroits épais, elle altére les couleurs.

X.

Les écorces & les bois veulent être defféchés promptement, fur-tout quand ils font humides ; mais ils n'exigent aucune préparation.

X I.

Les racines que l'on tient dans des caves, y végétent, perdent leurs fucs, deviennent filamenteufes, & au lieu de conferver ce qui en fait l'efficacité, elles fe chargent d'une eau infipide qui n'a aucune vertu, & qui fouvent acquiert une mauvaife qualité. Elles doivent être desséchées après qu'on les a tirées de la terre, dans leur vigueur. Si elles sont dures, petites, un peu aqueuses, on les enfile, & on les suspend dans un lieu bien aéré, après les avoir mondées, c'est-à-dire, en avoir détaché tous les filamens, & les avoir essuyées avec un linge rude qui enleve l'épiderme & la terre qui peut y adhérer.

X I I.

On ne doit jamais les laver, ou du moins très - légérement ; l'eau qui sert à cet usage se charge des parties salines & extractives, qu'il importe de conserver dans les racines. On a soin de fendre celles qui contiennent un cœur ligneux ; on coupe par tranches très-minces, celles qui sont charnues, comme les racines de la *bryone*, & du *nénuphar*, après quoi on les enfile.

X I I I.

Quelques racines, telles que celles de l'*énula-campana*, ne se desséchent bien, ni à l'air ni au soleil ; on est obligé de les exposer à l'entrée du four, pour les sécher tout-à-coup, & les mettre en poudre dans le besoin. Il est bon d'observer qu'on ne doit en agir ainsi, que pour les racines destinées à être pulvérisées, & la chaleur d'un soleil ardent peut suffire à cet effet.

X I V.

La plupart des racines, après la deffication, attirent puiffamment l'humidité de
l'air, fe ramolliffent, fe moififfent & fe
gâtent au bout d'un certain tems, à leur
furface ; ainfi il faut les tenir exactement
renfermées dans un lieu fec, à l'abri de
l'air, fur-tout celles qui font pulvérifées.

X V.

Les *bulbes* ou oignons, pour être exactement defféchées, doivent être effeuillées,
& expofées à la chaleur du *bain-marie*.

X V I.

Les femences farineufes n'exigent qu'une
expofition dans un endroit fec, & médiocrement chaud ; elles contiennent moins
d'humidité que les autres parties des plantes. Les femences émulfives, celles qui
font renfermées dans les fruits charnus,
telles que les femences froides de *concom-
bre*, de *melon*, de *courges*, de *citrouilles*,
doivent être mondées de leur écorce, mais
feulement à mefure qu'on s'en fert, afin
que l'huile effentielle qu'elles contiennent,
n'acquiére pas une mauvaife qualité. Les
femences odorantes, doivent être con-
duites à une parfaite deffication.

R iij

XVII.

Les fruits veulent être desséchés promptement, d'abord au feu jusqu'à un certain point de dessication, ensuite au soleil. On doit donner à ceux que l'on soupçonnera contenir des œufs d'insectes, un degré de chaleur de quarante degrés, qui les fait périr. On enferme les fruits dans un lieu sec, ils se conservent assez long-tems.

XVIII.

Il est enfin des plantes qui ne peuvent être desséchées, parce que leur vertu réside dans leur humidité. L'*oseille* est de ce nombre, ainsi que le *pourpier*, la *joubarbe*, les *sedums*, les *cucurbitacées* & les *crucifères* qui par la dessication perdroient leurs parties volatiles. On dessèche cependant la *coloquinte*, mais il faut y employer beaucoup de soin; on la dépouille de son écorce, afin que l'air pénètre le parenchyme, & prévienne la fermentation qui conduit à la putréfaction.

XVIX.

On ne doit point exposer aux injures de l'air, les plantes desséchées; la vicissitude de cet élément cause, selon BEKER, la destruction des corps. Dans un tems

humide, les plantes redeviennent humides, & ces altérations leur font perdre
tous leurs principes actifs. Les aromatiques font celles qui exigent le plus d'attention; on doit les enfermer foigneufe-
ment, dans des boëtes vernies au-dehors,
pour empêcher que l'air ne pénétre dans
l'intérieur. On peut encore les conferver
dans des vaiffeaux de verre, ou de terre
bien cuite & bien verniffée.

X X.

Avant d'enfermer les plantes pour les
conferver, il convient de les remuer & de
les fecouer fur un tamis de crin, afin d'en
féparer le fable, les œufs d'infeftes, &
les petits infeftes vivans, dont elles font
ordinairement remplies; ils mangent &
altérent les plantes jufqu'à leur mort; les
œufs qu'ils laiffent, éclofent bientôt, &
le mal fe renouvelle.

X X I.

Il eft des plantes féches qu'on ne peut
garder que très-peu de tems, quelque
foin qu'on y donne. Les unes ne durent
que quelques mois; il faut renouveller les
autres tous les ans; d'autres fe maintien-
nent quelques années. Les fleurs de *violettes*, qu'il faut néceffairement tenir dans

des vaiſſeaux de verre bien clos, n'ont après un mois, qu'une odeur d'herbe; la partie odorante eſt la ſeule qui donne la couleur; elle s'évapore bientôt. On n'obvie à cet inconvénient, qu'en réduiſant le ſuc de *violette*, à la conſiſtance de ſirop. Les fleurs de *bourrache* & de *bugloſe* deſſéchées, n'ont plus de vertu. Celles de *mauve* & de *bouillon blanc*, doivent être gardées dans des vaiſſeaux de verre, parce qu'elles contiennent une matiere mucilagineuſe qui, comme l'*hydromel*, attire l'humidité, elles n'ont leur vertu que pendant l'eſpace d'un année; elles la perdent enſuite, de même que les fleurs de *mélilot*; la *camomille* peut être gardée plus long-tems.

XXII.

Les plantes aromatiques bien deſſéchées & bien conditionnées, durent pluſieurs années. Le *thym*, la *marjolaine*, l'*hyſſope*, conſervent très-long-tems leur odeur; mais la *matricaire* & quelques autres, après une année, ſont ſans force.

XXIII.

Les écorces & les bois reſtent bien plus long-tems, douées de toutes leurs vertus. Les racines, comme celles de *gingembre*, d'*angélique*, de *souchet*, du *calamus aromaticus*, font cinq ou six années en vigueur. Celles dont la substance est compacte & résineuse, comme dans le *jalap*, le *turbith*, &c. durent plus que les ligneuses & les fibreuses.

XXIV.

En général, il est très à propos de renouveller le plus souvent qu'il est possible, toutes les productions végétales desséchées; elles s'affoiblissent continuellement par l'évaporation; l'humidité y introduit la putréfaction; plusieurs insectes les attaquent, & nuisent à leur efficacité.

DÉCOCTION, INFUSION
ET MACÉRATION.

I.

LES décoctions font des médicamens liquides, préparés à l'aide de l'ébullition. Le but de cette préparation est d'enlever aux corps qu'on y soumet, les parties qui peuvent en être extraites & séparées, & de les tenir suspendues dans les liqueurs où on les place. Ces liqueurs font appellées *véhicules* ou *menstrues.* L'on approprie le véhicule ou le menstrue, à l'intention que l'on a.

II.

La décoction, l'infusion, la macération ne diffèrent entr'elles, que par le plus ou le moins de chaleur donnée au menstrue. Pour la décoction, on fait bouillir la liqueur ; pour l'infusion, on la donne tiède ; dans la macération, il faut que la chaleur du menstrue soit égale à celle de l'athmosphere. Ces trois préparations ne font donc que des coctions à différens degrés ; elles comprennent une infinité d'autres préparations auxquelles on affigne différens noms, tirés de la nature des menstrues, de l'ufage intérieur ou extérieur qu'on en fait, & de l'effet qu'on en attend.

III.

Les plantes ne doivent pas être foumifes indifféremment à la décoction. La feule partie aromatique, fait l'efficacité des plantes aromatiques. L'analyfe fait voir l'erreur où l'on tombe, en faifant bouillir ces plantes à l'air libre, & toutes celles qui n'agiffent que par leurs parties volatiles, comme le *cochlearia*, le *becabunga*, les *céphaliques*, les *labiées*; l'ébullition dépouille ces plantes de leurs vertus. L'*absinthe* cependant ne les perd pas aisément; elle souffre une longue décoction, & conserve son odeur; mais toute plante dont les parties sont subtiles & fugaces, doit être mise en décoction, dans des vaisseaux bien fermés, & le plus souvent dans des vaisseaux séparés. Tandis que les décoctions sont chaudes, on mêle toutes celles qu'on veut employer, & l'on ne passe la liqueur que lorsqu'elle est refroidie : c'est ce qu'on appelle infusions, décoctions.

I V.

Les plantes inodores qui n'ont d'efficacité que par leurs parties extractives, peuvent être soumises à l'ébullition, excepté celles dont le tissu lâche & léger seroit trop facilement pénétré par l'eau, comme les fleurs de *mauve*, de *guimauve*, de *coquelicot*, &c.

V.

La quantité de véhicule qu'on emploie dans des décoctions, ne peut être déterminée exactement. Plus les corps sont durs, plus il faut de menstrue.

La *germandrée*, l'*ivette*, demandent seulement un peu plus d'eau, qu'on ne veut qu'il en reste. Si on en donne davantage, on émousse l'activité des sels ; si on en met trop peu, on ne retire pas ce qu'il y a de plus efficace.

VI.

On ne doit pas, en général, faire bouillir long-tems les substances. Les principes que fournissent les végétaux infusés, ou soumis à une décoction légére, sont bien différens de ceux qu'on en obtient par une forte ébullition ; l'ébullition décompose les huiles & les sels, en les faisant fortement agir & réagir les uns sur les autres ; il en résulte un remede souvent opposé à celui qu'on attendoit. Quelques plantes sont laxatives après une légere ébullition, & deviennent astringentes lorsqu'on les fait bouillir trop longtems ; leur substance terrestre se dissout en quelque sorte dans la décoction. Le *séné* & ses follicules, fournissent par infusion ou par une légére ébullition, tous leurs principes extractifs & purgatifs. L'ébullition est-elle forte ? ils rendent un mucilage fort épais, qui embarrasse ou détruit tellement la vertu purgative, que ces fortes décoctions deviennent presque sans effets.

VII.

Toute la famille des *capillaires* veut être infusée dans des vaisseaux bien fermés, & l'on ne doit les faire bouillir que pendant quelques minutes. On ne doit jamais faire bouillir les fleurs ou *pétales*, leur tissu est trop délicat, & plusieurs seroient privées de leur odeur.

VIII.

Dans toutes décoctions où il entre des plantes aromatiques & des plantes inodores, on doit faire bouillir celles-ci, & faire infuser les premieres séparément. L'infusion à un degré de chaleur n'ôte à ces plantes, que la partie volatile, mais souvent c'est la seule qu'on se propose d'obtenir. Si l'on veut en même tems, se procurer les parties fixes, il faut en faire la décoction dans des vaisseaux bien fermés, ou distiller les plantes, avant de les soumettre à l'ébullition ; on mêle ensuite à la décoction, les parties aromatiques & volatiles qu'on a tiré par la distillation. Les *matras* sont les vaisseaux les plus propres à l'infusion & à la macération des plantes dont les parties sont subtiles ; les autres vaisseaux ne ferment pas assez exactement.

IX.

Si l'on veut éviter dans les infusions, que le véhicule se charge trop fortement, on ne doit jamais l'employer bien chaud; on doit n'y mettre qu'une petite quantité de fleurs, & les laisser infuser peu de tems. Il faut ménager le degré de chaleur, & la quantité de véhicule, selon que le parenchyme se pénétre plus ou moins facilement. Il est des fleurs sur lesquelles il suffit de faire passer l'eau bouillante.

X.

La densité des corps indique le rang qu'ils doivent tenir dans la décoction; les plus compacts y doivent être exposés plus long-tems que ceux qui le font moins, & dans l'ordre suivant : 1°. les bois ; 2°. les racines séches & ligneuses ; 3°. les écorces; 4°. les racines fraîches auxquelles on ôte les parties ligneuses, & que l'on coupe par morceaux; 5°. les fruits coupés & mondés des noyaux, graines ou écorces qu'ils contiennent ; 6°. les herbes inodores, suivant leur degré de consistance, & hachées grossiérement. En général, il est à propos de broyer & de faire macérer les corps secs, avant de les soumettre à la décoction. A l'égard des fleurs, on ne les fait entrer dans la décoction, qu'après l'avoir retirée du feu ; mais on parvient par une longue ébullition, à diminuer la trop grande activité des substances âcres & piquantes.

X I.

Il suit de ce qui précede, qu'on doit rejetter comme dangereuse, toute formule composée, qui prescrit de faire bouillir tous les corps mélés ensemble. Les végétaux les plus subtils donnent les premiers leurs parties ; le menstrue s'en charge, & devient incapable d'atraquer les racines & autres corps compacts ; on n'obtient donc que la moitié du remede. Observez cependant que ce qui fait la base du médicament, doit toujours dominer ; mais si cette base est de nature pulpeuse, glutineuse, visqueuse, on doit craindre qu'elle ne rende le véhicule impuissant sur les autres corps. Si on veut une décoction purgative, & joindre au *séné* qui sera la base, des amers comme *l'absinthe*, des bois, des racines comme la *squine* & le *gayac*, le *séné* étant d'un tissu plus mou, on peut le mêler avec les autres, afin que le menstrue en soit suffisamment chargé.

XII.

Les gommes, les réfines doivent être réduites en poudre ; il ne faut les délayer dans les décoctions, que lorfque ces mêmes décoctions font prefque refroidies, finon la partie réfineufe fe ramollit, fe grumele, & ne fe trouve plus également diftribuée dans le médicament.

Fin de l'Inftruction & de la premiere Partie.

TABLE
ALPHABÉTIQUE, RAISONNÉE,
DES MATIERES
ET DES TERMES BOTANIQUES,

Contenus soit dans l'Introduction, soit dans l'Instruction qui la suit.

A

Abeille, Page 37, 39
Absorbans (vaisseaux) 146, 183, 203, 206.
Accroissement des plantes, 205
Adanson (Mr.), 6, 22, 53, 198, 215.
Age produit des variétés, 128
 Influe sur les vertus des plantes, 252
 Se connoit dans les arbres, 205
Agens de la germination, 51, 52
Aigrette, 49
 Ses fonctions, 50
Aigrettée (semence), 49
Aigue (feuille), 157
Aiguillon, 171
 Son organisation, 172
Ailée. Voy. Feuille, 160, 166
 Semence, 49
Ailes des semences, ibid.
 Leurs fonctions, 50
 Des fleurs papilionacées, 68
Air contenu dans les végétaux, 201

Agent de la germination, 51, 52
 de la végétation, 204
Alène (feuille en forme d'), 152
Aliment de la semence, 54
Allione (Mr.), 22
Alphabet de la Botanique, 113
Alterne. V. Boutons, 192
 Branches, 179
 Feuilles, 164
 Foliation, 195
Amande, 46
Amentacé (arbre), 73, 80
Amplexicaule (feuille), 163, 179.
Androgyne. V. l'Errata & la pag. 41
Angiospermie, 113
Angles des feuilles, 152
 (Tige à deux), 178
Animal (regne), 1, 2
Annuelle (herbe), 8
 (racine), 136
Anomale (fleur), 69, 78
Anthère. V. Sommet.

Part. I.   S

Apétale (Fleur, herbe), 37,
  71, 79.
     Sans fleur,   71, 80
     Sans fleur ni fruit, 72, 80
     (Arbre),   73, 80
Approche (greffe par),   218
Aquatique (plante), 5, 182, 215
Arbres,   8, 9, 72, 80
Arbrisseaux,   9
Arbustes ou sous-arbrisseaux, 8,
  63, 80.
Aristote,   6, 9
Aromatique (plante), 249, 257,
  264, 266, 269.
Arqué. Voy. Feuille,   165
     Péduncule,   142
Arrêter les tiges,   188
Arrondi. V. Feuille,   152
     Panneau,   45
     Stigmate,   40
     Tige,   178
Articulé. V. Bulbe,   183
     Cayeu,   198
     Chaume, 179, 180
     Feuille,   164
Artificiel. V. Caractére,   26
     Greffe,   216
Aubier,   200
Avorter,   60
Axillaire. V. Fleur ou fruit, 139
     Péduncule,   *ibid.*

B

Baie,   47
Bâle,   32
Barbe,   33
Barrelier (le P.),   20
Bassin (fleur en). *V.* Campa-
  niforme.
Bâtarde (plante),   61
Battans. Voy. Valvules.
Bauhin (Gasp.), 18, 222, 224
Bauhin (Jean),   18

Bédéguar,   132
Berceau de la semence,   54
Bicapsulaire (péricarpe),   45
Bijuguée (feuille),   161
Bilobée (feuille),   154
Binée (feuille),   160
Bis-annuelle (plante),   8
Boerhaave (Herman),   5, 20
Bois,   200
     Tems de les recueillir
       pour la Pharmacie, 247
     Maniere de les dessé-
       cher,   259
     Durée de leurs vertus, 264
     (Bouton à),   194
Bois-blancs,   200, 211
Bonnet (Mr.), 24, 143, 210
Bord. Voy. Bordure.
Bordure des feuilles,   154
Botanique (la) & son objet, 5,
  7, 24.
Botanistes célèbres, 17 & *suiv.*
Bottes, racines,   184
Bourgeons,   191, 197
     Leurs fonctions, 191, 208
Bourrelet des plaies végétales,
  211.
Bourse, calice,   33
Bouton de l'étamine. V. Som-
  met.
Boutons, bourgeons,   191
     Leur situation, leur for-
       me,   192
     A fleur ou à fruit, 193, 197
     A feuilles ou à bois, 194
     A fleurs & à feuilles, 196
     Des plantes bulbeuses, 197
Bouture animale,   213
     Végétale, 210, 211
     Par tronçons, 184, 215
Bractée, feuille florale, 162, 171
     Son usage en Botanique, *ib.*
Branches,   179

Branchu. V. Aigrette, 49
Pédoncule, 139
Racine, 186
Brillante (feuille), 156
Brou, 47
Bulbes, 182
Maniere de les dessé-
cher, 261
Des aulx, 198
Bulbeuse (racine), 182
Bulbiféres (plantes), 198

C

Cæsalpin, 15, 18, 57, 58
Calendrier de Flore. Floraison, 135
Calice & ses espèces, 31, 59
Camerarius, 58
Campaniforme (Arbre), 81
(Fleur), 65, 75
Cannelée. V. Feuille, 158
Tige, 178
Capités (fleurs & fruits), 142
Capsule, 43
Caractéres Botaniques, 11, 26
Classiques & gé-
nériques, 29
Des genres en par-
ticulier, suivant
Tournefort, 90
Suivant Linné, 118
Secondaires, 28
Spécifiques, 24, 127,
220.
Carène des fleurs papiliona-
cées, 68
Carinée (feuille), 159
Cartilagineuse (feuille), 155
Caryophillée (fleur), 68, 77
Castration des plantes, 60, 61
Catalepsie, 143
Cavités du fruit, 44, 84
Caulinaire. V. Feuille, 162, 179
Fleur & fruit, 139
Pédoncule, *ibid.*

Cayeu, 183, 191, 197
Chancres des plantes, 207
Charbon, maladie, 129
Charnu. V. Feuille, 158
Racine, 186
Chaton, calice, 33, 80
(Fleur à), 73, 80
Chaume & ses espèces, 179
Chevelure, 171
Chevelus, 185
Leurs fonctions, 203
Chyle des plantes. *V.* Séve, 204
Ciliée (feuille), 155
Circonférence des feuilles, 151
Des fleurs ra-
diées, 70
Des ombelliféres, 67
Cire brute, 39
Classe subalterne. *V.* Section,
Ordre.
Classes Botaniques, 14
Etablies suivant les prin-
cipes de Tournef. 74
Ses 22 classes, 75 & *suiv.*
Etablies suivant les
principes du Chev.
Linné, 101, 103
Ses 24 classes, 105 & *suiv.*
Clef des classes de Tourne-
fort, 82
Du système sexuel, 109
Cloche (fleur en). *V.* Cam-
paniforme.
Cloisons des capsules, 44
Des siliques, 45
Coction, 266
Coeffe, calice, 33, 72
Cœur (en). *V.* Feuille, 153
Semence, 49
Stipule, 170
Cohérente (feuille), 164
Coin (feuille en forme de), 152
Collet de la racine, 176

Columna (Fabius), 18
Commun (réceptacle), 30
Complette (fleur), 31
Composée. V. Feuille, 159
    Fleur, 64, 69, 70
    Tige, 178
    Disposition, 139
    Vrille, 173
Comprimée (feuille), 158
Concave. V. Feuille, ibid.
    Glande, 174, 175
Cône, 47
Congénéres (plantes), 89
Conglobées (feuilles), 165
Coniféres (plantes), 47
Conjuguée (feuille), 160
Consistance du fruit, 84
Convexe (feuille), 158
Coque, 45
Cordiforme. Voy. Cœur.
Cordon umbilical, 45
Cordus, 69
Cornet (nectar en), 37
Corolle & ses espèces, 34, 35 & suiv.
    Partie de la fructification, 59
    Fondement d'une méthode, 74
Corps des fleurs monopétales régulieres, 65
    Ligneux, 200
Corymbe (fleurs ou fruits en), 140, 141.
Cosses, 45
Côtés des feuilles, 158
    (Panneau à quatre), 45
    (Semence à plusieurs), 49
Cotonneuse (feuille), 156
Cotylédons, 50, 52, 162
Couches (bulbes en), 183
Coulé (fruit), 47
Couler, 60

Couleurs de la corolle, 34, 35
    conservées par la dessication, 242, 255
Courante (feuille), Composée, 161
    Simple, 163
Courbée (tige), 178
Couronne des fleurs radiées, 70
    Des semences, 49
    (greffe en), 217
Couronnée (semence), 49
Couteau (feuille en), 159
Couvé (œuf végétal,) 48
Couverte (semence), ibid.
Crenelée (feuille), 155
Creuse (lame), 36
Croissant (feuille en), 153
Crosse (fleurs en maniere de), 142.
Cruciforme (fleur), 66, 76
Cryptogamie, 108
Culture (variétés produites par la), 42, 128, 221
Cuscute, plante parasite, 181
Cylindrique. V. Feuille, 158
    Poils, 175
    Tige, 178
Cynarocéphales (fleurs), 70
Cynips, insecte, 131

D

Daleckamp, 17
Daubenton (Mr.) l'ainé, 214
Décandrie, 105
Déchirée (feuille), 155
Décoction, 265, 266, 270
Découpée (feuille), 154
Défenses, supports, 170
Deltoides (feuille), 152
Demi-fleuron, 69, 70
    (Fleur à), 78
Démonstrations (plan des), 227
Dense (feuille), 154

Dentelée (feuille), 154
   (lame), 36
Dentelure, 154
Déprimée (feuille), 158
Descriptions Botaniques, 223
   Par G. Bauhin &
      Tourn. 224, 225
   Par le Chev. Lin-
      né, 225, 227
Dessication des plantes
   Pour l'herbier, 237
   Pour la Pharma-
      cie, 253 & suiv.
Détermination des feuilles, 162
Développement des plantes, 205, 206.
      Du germe, 52,55
Diadelphie, 107
Diandrie, 105
Dichotome. V. Racine, 186
   Tige, 178
Dichotomie, ibid.
Didynamie, 106
Diffuse. V. Branche, 179
   Panicule, 140
Digitée (feuille), 154, 160
Digynie, 111
Dillen (Mr.), 20, 22
Diphille. V. Périanthe, 32
   Vrille, 173
Diœcie, 108
Dioscoride, 6
Direction des feuilles, 165, 166
   des tiges & racines,
      180, 188 & suiv.
Disposition des feuilles, 86, 162
   De la semence &
      de la corolle, 85
   Des fleurs & des
      fruits, 85, 134
Disque des fleurs radiées, 70
   Des ombellifères, 67
   Des feuilles, 154

Divisée (tige), 178
   (Vrille), 173
Divisions des plantes, leur
      nécessité, 3 & suiv.
   Anciennes, 5
   Des méthodes &
      systêmes, 14
   Leur usage, 16
Dodécandrie, 105
Double (fleur), 42, 61, 128
Drageon enraciné, 185, 186, 197, 210.
Drapée (feuille. V. Coton-
   neuse.
Droite (feuille), 165
   (Tige), 178
Duhamel (Mr.), 11, 15, 16, 24, 52, 215.
Durée (divisions des plantes
   par leur), 8

E

Eau, agent de la germination, 51, 52.
      de la végétation, 204
Ebourgeonner, 191
Ebullition (effets de l'), 268, 271.
Ecailles, 173
Ecailleux. V. Bouton, 192
   Bulbe, 183
   Cayeu, 198
   Chaume, 179
   Cône, 47
   Ecorce, 173
   Glandes, 174
   Nectar, 37
Ecartées (branches), 179
Echancrée (feuille), 157
   (lame), 36
Echancrures des feuilles. V. Sinus.
Echinée (semence), 49
Ecluse (l'), 9, 17
Economie végétale, 127, 203

Écorce, 200
    Tems de la recueillir, 247, 248
    Maniere de la dessécher, 259
    Durée de sa vertu, 264
Écusson (greffe en), 217
Éfaner ou *effeuiller*, 146, 147
Effeuillaison, 148
Égilé (stigmate), 40
Égale (polygamie), 116
Élasticité de quelques fruits, 44
Élevées (branches), 179
Elliptique (feuille). *V.* Ovale.
Éloignés (fleurs ou fruits), 142
Embryon. Voy. Germe.
Émoussée (feuille), 157
    (Dentelure), 155
Empennée (feuille). *V.* Ailée.
Engrais (variétés produites par les), 42, 128
Ennéandrie, 105
Ente. Voy. Greffe.
Entier. V. Chaume, 180
    Feuille, 154, 155
    Tige, 177
Entonnoir (fleur en). *V.* Infundibuliforme.
Entortillée (tige), 178
Entrée des fleurs monop. rég. 65
Enveloppe, calice, 32
    de la baie, 47
    du bouton, 173, 193
    des fleurs ombell. 67
    du fruit. *V.* Péricarpe.
    de la noix, 47
    des semences, 48
Épanouissement, lame, 36
    des fleurs, 136
Épars. V. Fleurs & fruits, 139
    Branches, 179
    Feuilles, 165
    Péduncules, 139

Épée (feuille en) 158
Épi (fleurs & fruits en) 142
Épiderme de l'écorce, 200
    des feuilles, 145, 146
    des pétales, 35
    des semences, 48
Épine & ses espèces, 172
Équinoxiale (fleur), 137
Ergot, maladie, 128
Ergoté (seigle), *ibid.*
Espèces, 15, 24, 220 & *suiv.*
    Suivant Tournefort & Linné, 57, 62, 221
Esprit recteur, 249
Essentiel (caractère), 27
Estomac des plantes, 200
Étamines, 38, 59
    Agens de la fécondation, 54
    Fondement du syst. sex. 57, 101, 105
    (Arbres à) 73, 80
    (Fleurs à) 71, 79
Étendard des papilionac. 68, 77
Étêter, 197
Étiolée (plante), 129, 130
Étoilée (feuille), 164
Éventail (feuille en), 154
Évasée (campaniforme), 65
Évasement. V. Ouverture.
Eunuque (fleur), 41
Excrétion des plantes, 175, 206
Excrétoires (vaisseaux) des plantes, 174, 199.
    des feuilles, 145
Excroissance végétale, 130
Exostoses, *ibid.*
Exotique (plante), 4
Exposition (l') produit des variétés, 129, 221
    Modifie les vertus, 244, 245

Extension des tiges & des
   racines, 190

F

Fallice (caractère), 26
Faisceau (feuilles en), 165
   (fleurs ou fruits en), 142
   (racines en), 184
Familles naturelles, 11, 12
   artificielles, 13, 14
   de la cryptogamie, 117
Fane, 147, 179
Farineufe (femence), 261
Fauffe (polygamie), 116
Fécondation de la femence, 40,
   54, 59.
Féconde (ovaire), 43, 59
   (œuf végétal), 48
Femelles (fleurs), 41, 102
   (parties), 39, 57, 59,
   101.
   (plantes), 58
Fendue (feuille), 153
Fente (greffe en), 217
Feuillage, 165
Feuillaifon, 147
Feuillé. *V.* Chaume, 179
   Tige, 177
Feuilles (boutons à), 194
   (Division des plan-
   tes par les), 10
   Leur organifation, 144
   145 & *fuiv.*
   La feuillaifon, l'ef-
   feuillaifon, 147, 148
   La foliation ou leur
   enroulement, 194
   Leurs fonctions, 206
   Leur utilité, 144, 146
   Leur forme, 150
   Leur détermination
   ou difpofition, 162

   Tems de les cueillir
   pour la Pharma-
   cie, 248
   Florales. *V.* Bractées.
   Séminales, *Voy.* Co-
   tylédons.
   Simples, 150
   Compofées, 159
   Recompofées, 161
   Surcompofées, *ibid.*
Fibres des plantes, 200
Fibreufe (racine), 184
Filer, 129
Filet. *V.* Chaton, 33
   Etamine, 38, 59
   Feuilles, 157
   Nectar, 37
   Pétiole, 161
   Poils, 175
Filiforme. (feuille). *V.* Linéaire.
Fiftuleux. *V.* Feuille, 158
   Tige, 178
   Style, 40
Fleche (en fer de). *V.* Feuille, 153
   Stipule, 170
Fleur (bouton à), 193, 197
   & à feuilles, 196
Fleurdelifé. *V.* Ombellifére.
Fleurs, 29, 30, 41
   Fondement de la mé-
   thode de Tournef. 57,
   63, 74.
   Leur fexe, 41, 58, 102
   Leur ufage, 54
   Leur difpofition & fi-
   tuation, 84, 85, 134,
   138.
   La floraifon, 134
   L'épanouiffement, 136
   Tems de les cueillir
   pour la Pharmacie, 248
   Maniere de les deffé-
   cher, 257, 258

viij   T A B L E

Simples, 64
Polypétales, 66
Composées, 69
Fleuron 69, 70
(Fleur à) 78
à languette. *V.* demi-fleuron.
Floraison, 134
Florale (feuille) ou bractée, 162, 171.
Flosculeuse (fleur). *V.* Fleuron.
Flottante (feuille), 166
Flûte (greffe en) ou en sifflet, 217
Fœtus de la plante, 52
Foliation, enroulement des feuilles, 194 & suiv.
Folioles des feuilles compo-sées, 159, 161
Fond des fleurs monop. rég. 65
Forme extérieure des parties des plantes, 127 & suiv.
des feuilles, 150
du bouton, 192
des semences, 85
Fourchu. *V.* Dichotome.
Frangée (lame), 56
Fructification (parties de la) 17, 23, 25, 29, 54, 56, 59.
Fruit (bouton à) 193, 197
Fruits & leurs esp. 43, 47, 54
Fondement des sections de Tournef. 83
de quelques ordres du syst. sex. 112
Leur usage, 54
Leur disposition & si-tuation, 84, 85, 134, 138
Leur origine, 83
Leur consistance, leur forme &c. 84
La maturation, 138
Tems de les cueillir pour la Pharmacie, 250, 251.

Maniere de les dessé-cher, 262
Fullomanie, maladie, 128
Fusiforme (racine), 185

G

Gaine (feuille en), 164
Gangrene séche, 128
Gales des plantes, 132
Géminé. *V.* Feuilles, 164
Stipules, 170
Générale (ombelle), 67
(enveloppe), *ibid.*
Génération (parties de la), *Voy.* Fructification.
Générique (dénomination), 89
Genre, 14, 89
Suivant Tourn. 90
du premier & du se-cond ordre, 91, 93
Suivant Lin. 61, 62, 117 & suiv.
Gérard (Mr.), 22
Germe, 40, 51, 59
des tiges & des racines, 188
Germée (semence), 52
Germination, 51 & suiv.
Gesner (Mr.), 17
Givre, maladie, 130
Glabre (feuille), 156
(Tige), 178
Glaive (feuille en) 158
Glandes & leurs espèces, 174
Leurs fonctions, 175
(feuilles garnies de), 157
Globules (glandes en), 174
Gluante (tige), 178
Godet (glandes en), 174
(fleur en), infundi-buliformes, 75
Gommes, sucs propres, 204
(décoctions des) 472

Goüan (Mr.), 22, 28, 115
Gousse, 45, 46
    d'ail, 183
Gouttiere (feuille en), 158
Grain de raisin. V. l'Errata
    & la pag. 139
Graine. Voy. Semence.
Graminées (plantes), 33
Grandeur (division des plan-
    tes par leur), 8
Grappe (en), 139, 141
Grasses (plantes), 149
Grelot (fleur en), 65, 75
Greffe, Ente, &c. 216
    Variétés qui en résul-
    tent, 131
Grew (Mr.), 24, 58, 199
Griffes. V. Vrille, 174
    Racine, 184
Grimpante (tige), 178
Grumeleuse (racine), 184
Guettard (Mr.), 22, 174,
    176.
Gueule (fleur en). *V.* Labiée.
Gui, plante parasite, 181
Gymnospermie, 112
Gynandrie, 107, 114

H

Habituel (caractére), 27
Hales (Mr.), 24, 143
Haller (Mr. de), 22
Hameçon (poils en), 176
Hampe (la). *V.* Péduncule, 170
    Tige, 177
Harvei (Mr.) 58
Héliotropes (plantes), 142
Heptandrie, 105
Herbacée (tige), 178
Herbes, 8, 63, 75
Herbier, 234 *& suiv.*
Herborisation, 236
Herboriser, ibid.

Hérissée (feuille), 157
    (Tige), 178
Hérisson (en). *V.* Echiné.
Hermann (Paul), 19, 20
Hermaphrodite (fleur), 41, 102,
    105 *& suiv.*
Hexagynie, 112
Hexandrie, 105
Hire (Mr. de la), 143
Hombert (Mr.), 52
Horizontale (feuille), 165
Horloge de Flore, épanouif-
    sement, 136
Hypocifle, plante parafite, 181
Hypocratériforme (fleur), 65

J

Jardin-sec. V. Herbier.
Icosandrie, 106
Jet, 179
Imbriquée (feuille) ou tuilée, 165
Impaire (folioles avec une),
    Voy. Ailée, 160
Imparfaite (fleur), 41
Incomplette (fleur), 31, 71
Indigéne (plante), 4
Individu, 15
Inféconde (femence), 60
Inférieure (partie) des feuil-
    les, 146, 155, 156
Infundibuliformes (fleurs), 65, 75
    (arbres), 81
Infusion, 265, 270
Inoculation. V. Greffe.
Inodore (plante), 255, 267, 269
Insectes (variétés produites
    par les), 131
Insertion des étamines, 102, 106,
    115.
    des feuilles, 163
Interruption. V. Feuille ailée, 160
Irréguliere (fleur), 65, 68, 69
Irritabilité des plantes, 39, 168

Jussieu (Mr. Bernard de), 20, 22

K

Knaud (Christophe),   19

L

Labiée (fleur),   66, 76
Laciniée (feuille),   154
Lame (la). *V.* Epanouissement.
Lames du réceptacle,   30
Lance (feuille en fer de), 152
Lancéolée (feuille),   ibid.
Languette (fleuron à). *V.* de-
   mi-fleuron.
Lanugineuse (feuille),   157
Larves d'insectes,   132
Légume. V. Gousse.
Légumineuse (fleur). *V.* Pa-
   pilionacée.
Lenticulaire (glande),   174
Lentille d'eau, sa reproduc-
   tion,   215, 216
Lettres de la Botanique,   118
Lever. V. Semence,   8, 52
Lèvres du vagin, stigmate,   40
   des fleurs personnées
   & labiées,   65, 66
Lieu, détermination des feuil-
   les,   162
       Natal des plantes, 219, 244
       Leur division par le lieu
       natal,   5
Ligneuse (plante),   8, 200
       (Racine),   186
       (Tige),   178
Ligneux (corps). *V.* Bois.
Liliacée (fleur),   68, 77
Limbe de la corolle monop. 36
   des feuilles. *V.* Bordure.
Linéaire (feuille),   152
       (Stipule),   170
Linné (le Chev. Von), 21, 26,
   28, 57, 101, 221, &c.

Liqueur séminale,   59
Lis (fleur en). *V.* Liliacée.
Lisse (feuille),   156
       (semence),   49
Lit conjugal, calice,   59
Livre, liber,   200
Lobel,   17
Lobes de la semence, 50, 52, 54
       des feuilles,   154
Loges des capsules,   44
       de la pomme,   46
Loupes des arbres,   130
Luisante (semence),   49
Lumiere (la) colore les végé-
   taux,   130
Lustrée (feuille),   156
Lyre (feuille en maniere de), 161

M

Macération,   265, 266
Magnol (Mr.),   19
Mains. Voy. Vrilles.
Maladies des plantes, 42, 128,
   129, 207.
Mâles (fleurs),   41, 102
       (Parties), 38, 57, 59, 101
       (Plantes),   58
Malpighi,   199
Mammelles, cotylédons,   53
Mammelon. V. Feuilles,   157
              Nectar,   37
              Pistil,   39
Marcotte,   214, 215
Marcotter,   ibid.
Masque (fleur en). *V.* Personnée.
Matiere médicale,   7
Matrice, germe,   40
Maturation des fruits,   138
Membraneuse (feuille),   158
Menstrue, véhicule, 265, 266,
   267.
Mere. V. Marcotte.
Météorique (fleur),   137

Méthode Botanique, 4
    Par les qualités des plantes, 6
    Par leur durée & grandeur, 8
    Par les feuilles, 10
    Par les poils & les glandes, 176
    Par les racines, le goût, l'odeur, 11
    Naturelle, 12, 13
    Artificielle & ses progrès, 13, 15, 17
    De Tournefort, 20, 56, 63, 74.
    Adoptée dans les démonstrations, 22
    Du Chev. Linné, 21, 57, 101.
Méthodes (usage des) 16, 95, 100, 123.
    Comparées à un Dictionnaire, 16
Méthodistes célèbres, 22
Micheli, 20
Miel, 37, 257
Milliaire (glande), 174
Minéral (regne), 1, 2
Moelle des plantes, 201
Molette (fleur en), 65
Monadelphie, 107
Monandrie, 105
Monoecie, 108
Monogamie, 117
Monogynie, 111
Monopétale. V. Arbre, 73, 81
    Corolle, 36
    Fleur, 64
Monophille. V. Enveloppe, 68
    Périanthe, 32
    Vrille, 173
Monstres végétaux, 41, 131
Monstruosités, 131, 133

Morison, 19, 57
Mort des plantes, 207
    Subite, 208
    Maladie du safran, 181, 182
Mouvement de la fève, 207
Mufle, 65, 66
Mulet végétal, 60
Multicapsulaire (péricarpe), 45
Multiloculaire (capsule), 44

N

Nain (arbre), 130, 187
Napiforme (racine), 186
Naturel (caractére), 11, 27
Naturelle (greffe), 216
Naviculaire (panneau), 45
Nécessaire (polygamie), 116
Nectar & ses espéces, 27, 37, 69
Nerveuse (feuille), 156
Nervure, ibid.
Neutre (fleur), 41
Nielle, maladie, 128
Noces, des plantes, 58, 59, 109
Nœuds du chaume, 179
    (chaume sans), 180
Noix, 47
Nom trivial, 224
    des genres, 121
Nombre des étamines, 103, 105
    des plantes connues 2
      par Cæsalpin & J. Bauhin, 18
      par Rai, 19
    des genres par Tourn. 92
    des genres par Lin. 121
    des espèces, par Tourn. 225
    des espèces, par Lin. 227
Nœud. V. Fleur, 41
    Fruit, 47
Nouer (se), 43

Noueuse (racine),   184
Noyau (fruit à),   46
Nud. V. Chaume ,   179
        Feuille ,   157
        Semence ,   48
        Tige ,   177
Nutation des feuilles ,   168
        des plantes, 142 , 143
Nymphes des plantes , péta-
        les ,   59

O

Oblique (feuille),   165
Oblongue (feuille),   151
Obstructions des plantes ,   207
Obtuse (feuille),   157
        (stipule),   170
Octandrie ,   105
Occultation des étamines, 72 ,
        101, 108.
Odorante (partie) des plan-
        tes ,   249
Odorantes (plantes), leur
        dessication ,   256
Oesophage des plantes ,   204
Oeil. V. Umbilic ,   46
        Bouton ,   191
Oeil-dormant (greffe à),   217
Oeil-poussant (greffe à),   ibid.
Oeillet (fleur en). *V.* Caryo-
        phillée.
Oeuf (feuille en forme d'), 151
        végétal ,   48 , 59 , 203
Oignon. Voy. Bulbe.
Ombelle ,   67 , 141
Ombellés(fleurs & fruits), 140,141
Ombellifère (plante), 32 , 66 ,
        67, 76.
                (Fleur),   ibid.
Ombilic. Voy. Umbilic.
Ombiliqué. Voy. Umbiliqué.
Ondée (feuille),   156
Onglet du pétale ,   36 , 68

Opposé. V. Boutons ,   192
        Branches ,   19
        Feuilles ,   160 , 164
        Foliation ,   125
        Folioles ,   160
        Vrilles ,   173
Orbiculaire (feuille),   151
        (Stipule),   170
Ordres. Voy. Sections.
        du système sexuel ,   110
        Leur division par les
            pistils ,   111 & *suiv.*
            par les fruits, 112
            par les caract.
                class.   113
        de la syngénésie ,   116
        de la cryptogamie ,   117
Oreillée (feuille),   152
Oreillettes des papilionacées , 68
Origine du fruit ,   83
        des parties extérieu-
            res ,   202
Organe extérieur de la généra-
        ration , stigmate ,   40
Organes absorbans ,   146, 203
        Excrétoires ,   145, 206
        de la fructification , 30
Organisation extérieure
            du bouton ,   192
            de la corolle ,   34
            des feuilles ,   150
            du fruit ,   43
            des parties des
                plantes ,   134
            de la semence ,   48
Organisation interne
            du bouton, 193, 194
            des feuilles ,   145
            imparfaite ,   201
            des parties des
                plantes, 127, 199
            des pétales ,   35
            de la semence ,   50

Ovaire, 43, 59
Ovale (feuille), 151
   (Semence), 49
   (Stipule) 170
Ovoïde (feuille). *V.* Oeuf.
Outres (glandes en), 174
Ouverte (feuille), 165
Ouverture de la corolle mo-
  nopétale, 36

P

Palais des noces, corolle, 59
Palmée (feuille), 154
Panachée (feuille), 130
Panicule, (fleurs & fruits en),
  140, 141.
Panneaux. V. Silique, 45
       Gousse, *ibid.*
Papilionaeé. V. Fleurs, 68, 69,
  77.
       Arbres, 73, 81
Parabole (feuille en), 165
Parasites (plantes), 180
Parasol (fleur en). *V.* Om-
  bellifère.
Parenchyme, 35, 145
Parfaite (fleur), 64
Partielle (ombelle), 67
    (enveloppe), *ibid.*
Parties de la génération ou
  fructification, 17, 23, 29
   des plantes en géné-
   ral, 127
Pattes, racines, 184
Pavillon. V. Étendard.
Pédicule de l'aigrette, 50
   des étamines, 72
Pédiculée (glande), 174
Péduncule, 29, 138, 144, 169
Péduncules. V. Fleur & fruit, 138
Penchés. V. Fleur & fruit, 142
      Tige, 178
Pentagone (semence), 49

Pentagynie, 112
Pentandrie, 105
Pepin, 46, 54
  (fruit à), 46
Perfeuillée (feuille), 163
      (stipule), 170
Périanthe, calice, 31 & *suiv.*
Péricarpe & ses espèces, 43,
  59.
Perpendiculaire (racine), 185
Personnée (fleur), 65, 75
Pétale, 35, 59, 64
Pétalé. V. Arbre, 73, 81
      Fleur, 64
      Herbe, 63, 75
Pétiole, 29, 144, 163, 169
Pétiolée (feuille), 163
    (foliole), 159
Phrases. V. Synonimes.
Pied (sur un).
  V. Aigrette, 50
    Feuille composée, 160
Pinnée (feuille). *V.* Ailée.
Piquant. Voy. Aiguillon.
Piquante (feuille), 157
Piquans (semence couverte
  de), 49
Pique (feuille en fer de), 153
Pistils, 39, 59
   Agens de la féconda-
   tion, 54
   Divisent les ordres
   du système sexuel, 61
    110, 111.
Pivot de la racine, 185
Pivotante (racine), *ibid.*
Placenta, réceptacle, 30
  de la silique, 45
Plaies de l'écorce, 211
   Leur utilité, 212
Plane (feuille), 158
Plant, 210
Plantard, 212

Plantes, leurs vertus, 7
    Leurs qualités fixes, *ib.*
    Leurs qualités varia-bles, 11
    Leurs usages, 6
    Leur lieu natal, 5, 244
    Le tems de leur dé-veloppement, 5, 134
    Leur grandeur & durée, 8
    Leurs divisions, 5 & *suiv.*
    Considérées par le Physicien & le Botaniste, 24
    Leurs caractéres bo-taniques, 26
    Leurs parties classi-ques, 29
    Leurs parties spéci-fiques, 127 & *suiv.*
    Leur organisation, 199
    Leur fécondation, 59
    Leurs principes chy-miques, 202
    Leur économie, 203
    Leurs maladies & mort, 207
    Leur reproduction, 51, 208.
Plantule, 51, 52, 176
Platte (lame), 36
Pleine (fleur), 42, 61
Plein-vent (arbre à), 187
Pline, 58
Plissée (feuille), 156
    (Tige), 178
Plumier (le P.), 20
Plumeux (rameaux) de l'ai-grette, 49
Plumule. V. Plantule.
Poils, 30, 37, 175
    Leurs fonctions, 176
Pointes (poils à deux), *ibid.*

Points d'appui. V. Supports.
Pointu. V. Feuille, 157
    Poils, 176
    Stigmate, 40
    Stipule, 170
Poix, suc propre, 204
Polipe, 213
Pollen. Voy. Poussiere fécon-dante.
Polyadelphie, 107
Polyandrie, 106
Polygame. V. l'errata pour la pag. 41
Polygamie, 108, 116
Polygynie, 112
Polypétale. V. Arbre, 73, 81
    Corolle, 36
    Fleur, 64, 66, 76, 77.
Polyphille (enveloppe), 67
Pomme, 46
    de terre, 184
Pontédéra (Mr.), 20
Port des plantes, 27, 166, 169
    des feuilles, 158, 162 & *suiv.*
Pousse, 191
Poussiere fécondante, 38, 59, 61
Principes des méthodes, 56
    de la méthode de Tourn. 63
    de ses sections, 83
    du syst. sexuel, 101
    des ordres de ce systême, 110
Produits chymiques des vé-gétaux, 202
Prolifère (fleur), 42
Proportion des étamines, 103, 106
Propre (réceptacle), 30
Provins, 215
Pucerons (les) produisent des variétés végétales, 132
Pulpe, 35, 145

Q

Qualités des plantes. *V.* Vertus.
Qualités variables, 11, 34, 221
Quaternée (feuille), 164
Queue des feuilles ; *V.* Pétiole.
    des fleurs & des fruits ;
        V. Pédoncule.
Quinée (feuille), 164
Quinquangulaire (feuille), 152

R

Rabattue (feuille). *V.* Réfléchie.
Raboteuse (feuille), 157
    (Tige), 178
Racines, leurs espèces, 180, 182
    Leurs rapports avec
        les tiges, 187
    Leur direction, 180, 188
    Leur extension, 190
    Leurs fonctions, 180, 203
    Tems de les recueillir,
        245.
    Maniere de les dessé-
        cher, 259 & *suiv.*
    Durée de leurs vertus,
        247, 264.
Radical. *V.* Feuille. 162, 179
    Fleur & fruit, 139
    Pédoncule, *ibid.*
Radicule, 51, 52, 54, 180, 184
Radiée (fleur), 70, 71, 79
Rai (Mr.), 19, 57, 58
Rameux. *V.* Feuille, 162
    Fleur & fruit, 139
    Pédoncule, *ibid.*
    Tige, 178
Ramifier (se), *ibid.*
Rampant. *V.* Racine, 185
    Tige, 178
Rapprochées (branches), 179
Rassemblés. *V.* Boutons, 192
    Fleurs & fruits,
        140, 141.

Rayée (tige), 178
Rayon. *V.* Couronne.
Rebord des semences, 49
Recéper, 197
Réceptacle & ses espèces, 29
    & *suiv.*
        des semences, 43, 44
Récolte des plantes pour l'Her-
    bier, 235
        pour la Pharmacie, 244
Recomposée (feuille), 161
Recourbé. *V.* Aiguillon. 171
        Branche, 179
Réfléchie (feuille), 166
Regnes (les trois), 1 & *suiv.*
Régulieres (fleurs), 64, 66, 75,
    76.
Rejet. *V.* Branches, 188
        Racine, 185
Rejetton, 197
Rein (en forme de) ;
        V. Feuilles, 153
            Semences, 49
Réniforme. *V.* Rein.
Replié. *V.* Feuille, 166
            Pédoncule, 142
Reprendre de bouture, 210
Reproduction des plantes,
    Par les semen-
        ces, 51, 208
    Par les bourgeons, *ib.*
    Par les drageons, 210
    Par les boutures, *ibid.*
    Par les marcottes
        & provins, 214,
        215.
    Par la greffe, 216
Réseau réticulaire, 145
Résines, 204, 247, 272
    Leur décoction, 272
Resserrée (panicule), 140
Réunion des étamines, 102, 107
Rhomboïde (feuille), 152

Ridée (feuille),   156
        (femence),   49
Rivin ,   19
Rondache (feuille en) ,   163
Rongée (feuille),   155
Rofacé. V. Fleur,   66 , 76
        Arbre,   81
Rofe (en). *Voy.* Rofacé.
        de Jéricho,   143
Rofette (fleur en) ,   65
Roue (fleur difpofée en),   68
Roupie. V. Chaton.
Royen (Mr. Van),   22
Rude. V. Feuille.   157
        Semence,   49
        Tige ,   178

S

Sable employé à la deffica-
        tion ,   242 , 243
Sabre (feuille en) ,   159
Saifon de la récolte des plan-
        tes ,   245
Sandaraque , fuc propre ,   204
Sang des plantes. *V.* Suc propre.
Sarmenteufe (tige),   178
Sauffure (Mr. de),   35 , 146
Sauvages (Mr. de),   11 , 22
Scie (à dents de),   154
Sécrétion ,   175 , 176
Sécondaires (caractéres),   28
Sectateurs de Tournefort,   20
Sections ,   14 , 83 , 87
Semences ,   43 , 48
        Leur organifation
                externe ,   48
                interne ,   50
        Leur germination,   51
        Tems où elles le-
                vent ,   53
        Leur nombre, leur
                forme , leur dif-
                pofition &c.   85

        Leur deftination, 54, 59
        Leur développe-
                ment ,   59
        Leur multiplication,
        208.
        Leurs parties odo-
                rantes ,   249
        Tems de les recueil-
                lir ,   250
        Maniere de les def-
                fécher ,   261
Sémi-double (fleur),   42
Sémi-flofculeufe. V. Demi-fleuron.
Séminale (feuille) *V.* Cotylédon.
Senfibilité des plantes. *V.* Irri-
        tabilité.
Senfibles (plantes),   168
Séparés (fleurs & fruits),   142
Seffile. V. Aigrette,   50
        Feuille ,   163
        Fleur & fruit ,   138
        Foliole ,   159
        Glande ,   174
        Racine ,   184
        Stigmate ,   40
Séve ,   199, 203 & *fuiv.*
        Son mouvement,   207
        Afcendante & defcen-
                dante ,   211
        Tems de fon action ,   203
Sexe des plantes ,   58 & *fuiv.*
Sifflet (greffe en). *V.* Flûte.
Siliculeufes (plantes),   113
Silique ,   45
Siliqueufes (plantes),   113
Sillon (feuille en),   158
Simple. V. Aigrette ,   49
        Épine ,   172
        Feuille ,   150
        Fleur ,   42 , 64
        Foliation ,   194
        Difpofition ,   139
        Péduncule ,   *ibid.*

Racine, 186
Semence, 49
Tige, 177
Vrille, 173
Sinué (feuille), 154
Sinus des feuilles, 152
Situation des boutons, 192
Des épines, 172
Des étamines, 102, 108
Des feuilles, 164
Des fleurs & fruits, 84, 138.
Soies. Voy. Poils.
Sol (variétés produites par le), 221
Solaire (fleur), 137
Soleil (fleur en). *Voy.* Radiée.
Solide. V. Bulbe, 183
Cayeu, 198
Solitaire. V. Bouton, 192
Fleur & fruit, 139
Péduncule, *ibid.*
Stipule, 170
Sommeil des plantes, 166
Sommet de l'étamine, 38, 59
Des feuilles, 157
Soucoupe. V. Hypocratériforme.
Sous-arbrisseau. Voy. Arbuste.
Sousorbiculaire (feuille), 151
Soutiens, supports, 169
Spathe ou voile, calice, 32
Spatule (feuille en), 165
Squelette des plantes, 202
Des feuilles, 145
Squille (la) végète sans terre & sans eau, 183
Stérile (fleur), 41, 60
Stérilité des plantes, 61
Stigmate, 40
Ses fonctions, 40, 59
Son usage en Botanique, 110
Stile. Voy. Style.
Stilet (pistil en), 40
Part. I.

Stipule & ses espèces, 170
Son usage botanique, 171
Stolonifere (racine), 185
Striée (feuille), 159
Style, 40, 59
Subalaire (feuille), 162
Substance du fruit, 43 & *suiv.* 84
Subulée (feuille), 152
Suc nourricier, 204
Propre, 204, 205
Ses couleurs, 204
Succion des feuilles, 206
des racines, 180, 203, 204.
Sujet. V. Greffe, 217
Superficie. V. Surface.
Superflue (polygamie), 116
Supérieure (partie) des feuilles, 146, 155
Supports, 169
Surcomposée (feuille), 161
Surface des feuilles, 146, 155
Surgeon, 197
Sutures de la silique, 45
De la gousse, 46
Syngénésie, 107
Ses ordres ou divisions, 116
Synonymes, 224
Système Botanique, 14
Sexuel, son plan, 57, 61
Ses principes, 101
Son usage, 123
Critique, 114, 222

T

Tableau des classes. *V.* Clef.
Taller, 179
Talles, *ibid.*
Térébenthine, suc propre, 204
Ternée (feuille), 160, 164
Testicules des végétaux, 52
Tête (en maniere de tête). *Voy.* Capité.

T

Tétradynamie,   106
Tétragone. V. Panneau,   45
          Semence,   49
Tétragynie,   111
Tétrandrie,   105
Théophraste,   6
Thyrsoïdes (fleur & fruit),   141
Tige & ses espèces,   177
          Ses rapports avec les
          racines,   187
          Sa direction,   188
          Son extension,   190
Tissu cellulaire,   35, 145, 200
Tourné (fruit),   48
Tournefort (Mr. Pitton de), 20,
    57, 63, 221, &c.
Tourner,   48
Traçante. V. Plante,   185
          Racine,   ibid.
Trachées des plantes,   199
          Leurs fonctions, 204,
          206.
Tranchans (feuilles à deux),   159
Transpiration des plantes,   206
Triandrie,   105
Triangulaire (feuille),   152
Tricapsulaire (péricarpe),   45
Trigynie,   111
Trijuguée (feuille),   161
Trilobée (feuille),   154
Triphille. V. Périanthe,   32
          Vrille,   173
Triple. V. Aiguillon,   171
          Epine,   172
Trisannuelle (plante),   8
Trompe, style,   59
Tronc & ses espèces,   176, 177
          (plantes sans),   177
Tronquée (feuille),   157
Tropique (fleur),   137
Truffe,   181, 184
Tube. Voy. Tuyau.
Tubercule,   184

Tubéreuse (racine),   184
Tubulée (corolle),   36
          (fleur campanif.),   65
Tunique,   183
Tuniqué. V. Bulbe,   ibid.
          Cayeu,   198
Tuilée (feuille) ou imbriquée,
    165.
Tumeurs des plantes, 130, 211
Tuyau. V. Corolle,   36
          Fleuron, demi-
          fleuron,   70
          Style,   40
          Tige,   178

U

Umbilic,   46
Umbilical (cordon),   45
Umbiliqué. V. Baie,   47
          Pomme,   46
          Feuille,   158
Uniloculaire (capsule),   44
Universelle (ombelle),   67
          (enveloppe),   ibid.
Usage physique des fleurs &
          des fruits,   54
          Botanique des métho-
          des,   16, 100
          De la méthode de Tour-
          nefort,   95
          Du système du Chev.
          Linné,   123
Utérus, germe,   40
Utricules,   200

V

Vagin, style,   40, 59
Vaillant (Mr.),   71
Vaisseaux des plantes, 174, 199
          Des feuilles, 145, 146
          Des cotylédons,   51
          Spermatiques,   59
          Umbilicaux,   50

Valvules de la capsule, 44
De la bile, 32
Des vaisseaux des plantes, 207
Variétés distinctes de l'espèce, 15, 133, 221, 222, 227.
Accidentelles, 128
Constantes, 42
Végétal (regne), 1, 2
Véhicule, menstrue, 265, & suiv.
Veinée (feuille), 156
Velue. V. Feuille, *ibid.*
Semence, 49
Tige, 178
Verds (arbres toujours), 149
Verser, 147
Verticillé. V. Boutons, 192
Branches, 179
Feuille, 164
Fleur & fruit, 139
Péduncule, *ibid.*

Vertus des plantes, 6, 244 & suiv.
(Divisions des plantes par leurs), 6
Dépendent du lieu natal, 244
De la saison convenable, 245
De l'âge, 252
Vésiculeux (corps), 174
Vessie (glande en), *ibid.*
de l'orme, 132
Vice de la fève, 130
Vigne venue de graine, 215
Violon (feuille en forme de), 153
Vivace. V. Plante, 8
Racine, 186
Vives racines, 210
Vivifié (œuf), 48
Voile ou *spathe*, calice, *V.* l'errata & la pag. 32
Vrille, 173, 178
Vulve, 59

Fin de la Table des Matieres.

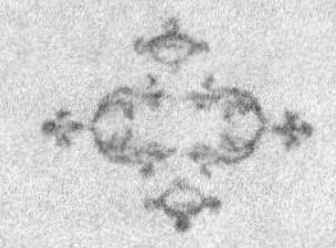

TABLE
DES TERMES BOTANIQUES,
LATINS,

Qui sont traduits & définis dans l'Introduction.

A

Acaulis } *Acaulos*	177
Acinaciformis,	158
Acinus. V. l'errata pour la p. 139	
Aculeus,	171
Acumen,	157
Acuminatus,	ibid.
Acutus,	155, 157
Adnascentia, } *Adnata,*	197
Æqualis polygamia,	116
Æquinoctialis,	137
Ala seminum,	49
Papilionaceæ,	68
Alatus,	49
Albus,	34
Alternus,	164
Amentaceus,	73, 80
Amentum,	33
Amplexicaulis,	163
Anceps,	159, 178
Androgynus. V. l'errata & la p. 41	
Angiospermia,	113
Angulus,	152
Annuus,	8, 186
Anomalus,	69, 78
Anthera,	38

Apetalus,	63, 79
Apex,	157
Arbor,	8
Arillus,	48
Arista,	33
Articulatus, 164, 179, 180, 183	
Asperifolia,	157
Auriculatus,	152
Axillaris,	139

B

Bacca,	47
Bicapsularis,	45
Bifer,	135
Bifidus,	153
Biflorus,	138
Bijugatus,	161
Bilobatus,	154
Binatus,	160
Bipartitus,	154
Bractea,	171
Bulbosus,	182
Bulbus,	182, 197
Bullatus,	156

C

Caducus,	31
Cæruleus,	34

Calix ,	31	Crenatus ,		155
Calyptra ,	33, 72	Crispus ,		ibid.
Campaniformis ,	65, 75	Cruciformis ,		66, 76
Canaliculatus ,	158	Cryptogamia ,		108
Capitatus ,	142	Culmus ,		179
Capreolus ,	173	Cuneiformis ,		152
Capsula ,	43	Cymosus ,		141
Carina ,	68			
Carinatus ,	159	**D**		
Carnosus ,	158, 186			
Cartilagineus ,	155	Decandria ,		105
Caryophylleus ,	68, 77	Deciduus ,	31,	171
Caulis ,	177	Decompositum folium ,		161
Caulinaris ,	139	Decurrens ,		163
Caulinus ,	162	Decursivè-pinnatus ,		161
Cernuus ,	142	Defoliatio ,		148
Ciliatus ,	155	Deltoïdes ,		152
Cinereus ,	34	Dentatus ,		154
Circinalis ,	196	Denticulatus ,		ibid.
Circumscriptio ,	151	Depressus ,		158
Cirrhosus ,	173	Diadelphia ,		107
Cirrhus ,	ibid.	Diandria ,		105
Clavicula , }	ibid.	Dichotomia ,		178
Coarctatus ,	140	Dichotomus ,	178,	186
Coma ,	171	Didynamia ,		106
Compositum folium ,	159	Diffusus ,		140
Compositus flos ,	69	Digitatus ,	154,	160
Compressus ,	158	Digynia ,		111
Conceptaculum ,	45	Diœcia ,		108
Conduplicatus ,	196	Diphyllus ,	32,	173
Confertus ,	165	Directio ,		165
Conjugatus ,	160	Discus ,		70
Connata folia ,	164	Distichus ,		178
Convolutus ,	142, 195	Divaricatus ,		142
Corculum ,	51	Divisus ,		178
Cordatus ,	153	Dodecandria ,		105
Cordiformis ,	49	Dolabriformis ,		159
Corolla ,	34	Drupa ,		46
Corollula ,	70			
Corona ,	ibid.	**E**		
Coronatum semen ,	49	Efflorescentia ,		134
Corymbosus ,	140	Ellipticus ,		151
Cotyledon ,	50, 52	Emarginatus ,		157

Enneandria, 105
Enodis, 180
Equitans, 196
Erectus, 165, 178
Erosus, 155

F

Facies propria, 27
Fasciculatus, 142, 165, 184
Fastigiatus, 140
Faux, 36
Fibrosus, 184
Filamentum, 38
Filiformis, 152
Fimbriatus, 36
Fistulosus, 158, 178
Floralis, 162
Florifera gemma, 193
Flos, 30, 139
Flosculosus, 69
Foliatio, 194
Foliatus, 177, 179
Folii-fera gemma, 194
   & florifera, 196
Foliifero-florifera, 197
Folium, 150
Frondescentia, 147
Frons, 165, 177
Fructus, 43
Frustranea polygamia, 116
Frutescentia, 138
Frutex, 8
Fruticosus, 186
Fulcra, 169
Fuscus, 34
Fusiformis, 185

G

Geminus, 164, 170
Gemma, 191
Germen, 40, 191
Glaber, 156, 178
Glandula, 174
Gluma, 32

Grumosus, 184
Gymnospermia, 112
Gynandria, 107, 114

H

Habitus plantæ, 27
Hastatus, 153
Heptandria, 105
Herba, 8
Herbaceus, 178
Hermaphroditus. V. l'Errata pour la pag. 41
Hexagynia, 112
Hexandria, 105
Hispidus, 157
Hyalinus, 34
Hybernaculum, 191
Hybridus. V. l'Errata & la p. 41
Hypocrateriformis, 65

I

Icosandria, 106
Imbricatus, 165, 196
Impari-pinnatum fol. 160, 162
Imperfectus flos, 41
Incrassatus, 138
Inflexus, 165
Infundibuliformis, 65, 75
Insertio, 163
Integer, 154, 155, 177, 180
Internodium, 180
Interrupte-pinnatum folium, 160
Involucrum, 32, 67
Involutus, 195
Julus, 33

L

Labiatus, 66, 76
Lacerus, 155
Laciniatus, 154
Lamina, 36
Lanceolatus, 152
Lanuginosus, 157
Latus, 158
Legumen, 45

Liber,	200
Lignosus,	178, 186
Ligulatus,	70
Liliaceus,	68, 77
Limbus,	36
Linearis,	152
Locus,	162
Lunulatus,	153
Luteus,	34
Luxurians flos,	41
Lyratus,	161

M

Margo,	154
Membranosus,	158
Meteoricus,	137
Monadelphia,	107
Monandria,	105
Monœcia,	108
Monogamia,	117
Monogynia,	111
Monophyllus,	32, 68, 173
Multicapsularis,	45
Multifer,	135
Multiflorus,	138
Multilocularis,	44
Multiplex,	42
Mutilus,	41

N

Napiformis,	186
Natans,	166
Navicularis,	45
Necessaria polygamia,	116
Nectarium,	37
Nervosus,	156
Niger,	34
Nodosus,	184
Nudus,	48, 157, 177, 179
Nutans,	142
Nux,	47

O

Obliquus,	165
Oblongus,	151
Obtusus,	157
Cum acumine,	ibid.
Obversè-ovatus,	151
cordatus,	153
Obvolutus,	195
Octandria,	105
Oculus,	191
Oppositus,	164
Orbiculatus,	151
Ovatus,	ibid.

P

Palea,	30
Palmatus,	154
Panduræformis,	153
Panicula,	140
Paniculatus,	ibid.
Papilionaceus,	68, 77
Papillosus,	157
Pappus,	49
Parabolicus,	165
Parasiticus,	181
Patens,	165
Patentissimus,	ibid.
Pedatus,	160
Pedunculus,	29, 138, 169
Peltatus,	163
Pentandria,	105
Pentagynia,	112
Perianthium,	31, 67
Pericarpium,	43
Perfectus flos,	64
Perfoliatus,	163, 170
Perennis,	8, 186
Perpendicularis,	185
Persistens,	31, 171
Personatus,	65, 75
Petalodes Herbæ,	63
Petalum,	35
Petiolatus,	163
Petiolus,	144, 169
Pilus,	175
Pinnatus,	160

Placenta,	30, 45	*Rosaceus*,	66, 76
Planta,	135	*Rostellum*,	51
Plantula,	51	*Rotundus*,	152
Planus,	158	*Ruber*,	34
Plenus,	42	*Rugosus*,	156
Plicatus,	156, 196		
Pistillum,	39	**S**	
Plumosus,	49	*Sagittatus*,	153
Plumula,	51	*Scaber*,	157
Pollen,	38	*Scandens*,	178
Polyadelphia,	107	*Scapus*,	170
Polyandria,	106	*Semen*,	48
Polygamia,	108, 116	*Semiflosculosus*,	69
Polygamus. V. l'Errata pour		*Seminalis*,	162
la pag.	41	*Sempervirens*,	149
Polygynia,	112	*Serratus*,	154
Polyphyllus,	67	*Sessilis*,	40, 50, 163, 184
Pomum,	46	*Seta*,	30
Procumbens,	178	*Siliculosus*,	113
Prolifer,	42	*Siliqua*,	45
Pulvis,	38	*Siliquosus*,	113
Purpureus,	34	*Simplex*,	42, 150, 186
		Simplex flos,	64
Q		*Sinuatus*,	154
Quaternus,	164	*Sinus*,	152
Quinus,	ibid.	*Situs*,	164
		Solaris,	137
R		*Solidus*,	183
Racemosus,	139	*Solitarius*,	139, 170
Radiatus,	69, 71	*Sparsus*,	139, 165
Radicalis,	139, 162	*Spatha*,	32
Radicula,	51, 180	*Spatulatus*,	165
Radius,	70	*Spicatus*,	140
Radix,	180	*Spina*,	172
Ramosus, 139, 162, 178, 186		*Spinosus*,	157
Ramus,	179	*Squama*,	173
Receptaculum,	29	*Squamosus*,	179, 183
Reclinatus,	178, 196	*Stamen*,	38
Reflexus,	166	*Stellatus*,	164
Reniformis,	49, 153	*Stigma*,	40
Repens,	178, 185	*Stipes*,	50, 177
Retusus,	157	*Stipula*,	170
Revolutus,	166, 195	*Striatus*,	159, 178
Rhomboides,	152	*Strobilus*,	47

Stolonifer,	185, 186	Triqueter,	158
Stylus,	40	Tropicus,	137
Subalaris,	162	Truncatus,	157
Subrotundus,	151	Truncus,	176
Subulatus,	152	Tuber,	184
Saffrutex,	8	Tuberofus,	ibid.
Sulcatus,	158	Tubulatus,	70
Superficies,	155	Tubulofus,	158
Superflua polygamia,	116	Tubus,	36
Suprà-decompofitum folium,	161	Tunicatus,	183
Surculus,	191	Turio,	191
Syngenefia,	107		

T

U

Teftus,	48	Umbellatus,	140
Teres,	158, 178	Umbellifer,	67, 76
Terminalis,	139	Umbilicatus,	46, 158
Ternus,	164	Umbilicus,	46
Tetradynamia,	106	Undulatus,	156
Tetragonus,	45	Unguis,	36
Tetragynia,	111	Uniflorus,	138
Tetrandria,	105	Unilocularis,	44
Thyrfus,	141	Uterus,	40
Tomentofus,	156		
Triandria,	105		

V

Triangularis,	152	Vaginans,	164
Tricapfularis,	45	Variegatus,	130
Trifidus,	153	Venofus,	156
Triflorus,	138	Verticillatus,	139, 164
Trigynia,	111	Vexillum,	68
Trijugatus,	161	Vigiliæ plantarum,	136
Trilobatus,	154	Villofus,	156
Tripartitus,	ibid.	Vifcidus,	178
Triphyllus,	32, 173	Volva,	33
		Volubilis,	178

Fin de la Table des termes Latins.

ERRATA

ERRATA ET ADDITIONS.

Pag. 27. lig. 4. mettez en marge, ESSENTIEL.

Pag. 32. lig. 17. le *spathe* ; lisez le *spathe* ou *voile*.

Pag. 41. lig. 6. après *androgynes*, mettez un renvoi, & ajoutez en note :

On ne distingue pas ici les fleurs *androgynes*, des *hermaphrodites* ; selon la plupart des Botanistes ces termes sont synonimes, & signifient l'un & l'autre, des fleurs comme des animaux, qui réunissent les deux sexes. Il importe cependant d'observer que le Chev. LINNÉ en a fait une distinction : il appelle *hermaphrodite* [hermaphrodita], la plante qui n'a que des fleurs hermaphrodites ; *androgyne*, [androgyna] celle qui porte sur le même pied, des fleurs mâles & des fleurs femelles ; *polygame* ou *hybride* [polygama, hybrida], celle qui a toujours des fleurs hermaphrodites, & outre cela des fleurs mâles ou des femelles sur différens pieds, ou sur le même pied : les hermaphrodites sur un pied, les femelles ou les mâles sur un autre, avec ou sans hermaphrodite. *Voy. Philos. Botan. pag. 93 & 94.*

Pag. 79. lig. 8. *comme dans les précédens* ; lisez, *comme dans la classe précédente.*

Pag. 86. lig. 12. & 13. *se terminent en langue;* ajoutez, *par le haut.*

Ibid. lig. 13. *d'autres en anneau;* lisez, *les autres se terminent inférieurement en anneau.*

Pag. 87. lig. 5. & 6. *alternatives ou verticillées, c'est-à-dire;* lisez, *alternatives, ou verticillées c'est-à-dire*, sans virgule avant ce dernier mot.

Pag. 92. lig. 14. *par la disposition des feuilles, qui;* lisez, *par la disposition des fleurs qui &c.*

P. 139. lig. 28. *graines de raisin;* lisez, *grains,* * & mettez en note :

* *Grain* ne doit pas être confondu avec *graine, semence.* On nomme *grain*, [acinus, acini], quelques espèces de fruit qui sont ordinairement des *baies* rassemblées en grappe, comme celles qui composent le *raisin*, celles du *troêne*, du *groseillier*, de la *ronce*, du *mûrier* &c. quelques Botanistes donnent le même nom, aux semences succulentes de la *grenade*, & d'autres Auteurs, aux semences mêmes renfermées dans les grains de ou *raisin de groseille*, mais cette expression est impropre. On dit cependant un *grain de froment*, un *grain d'orge* &c.

Pag. 171. lig. 21. *Melampryum* ; lisez, *Melampyrum.*

Pag. 186. lig. 15. *fruticosæ* ; lisez, *fruticosæ.*

Pag. 194. lig. 20. *roulement* ; lisez, *enroulement.*

Pag. 214. lig. 16. *de bourrelets;* lisez, *des bourrelets.*

Pag. 249. lig. 20. & 21. *elles n'ont point de calice ;* ajoutez, *ou plutôt de périanthe.*

Pag. 262. lig. 15. & 16. *& les crucifères ;* ôtez ces mots & lisez, *le cochlearia* & presque toutes les *cruciformes.*

Ibid. lig. 23. XVIX ; *lisez*, XIX.

Pag. 264. lig. 14. *un année ;* lisez, *une année.*

Pag. 272. lig. 2. *les gommes ;* lisez, *les gommes-résines.*

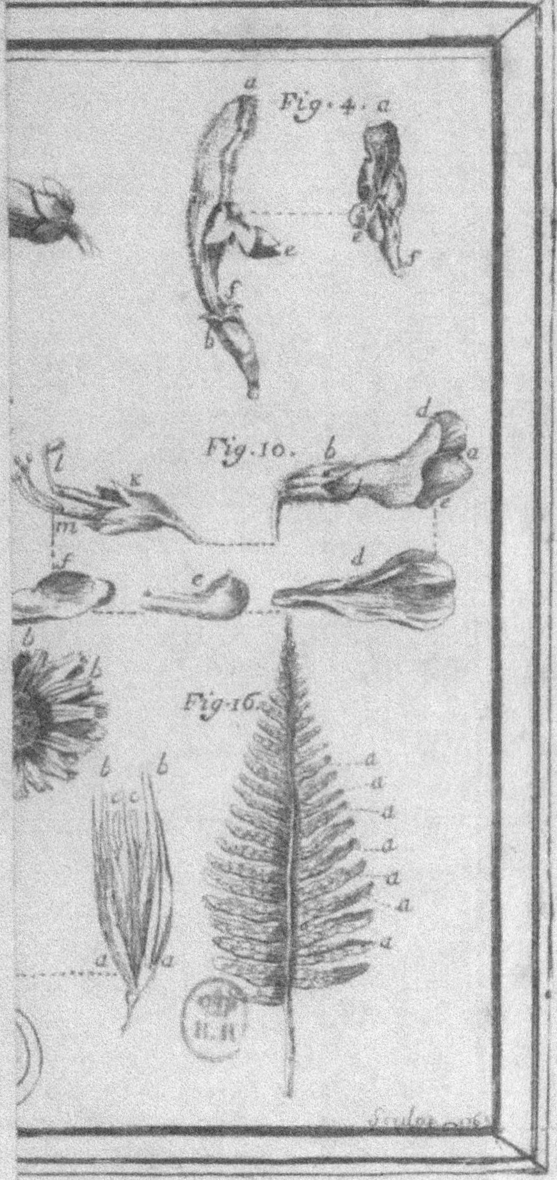
Fig. 4.
Fig. 10.
Fig. 16.

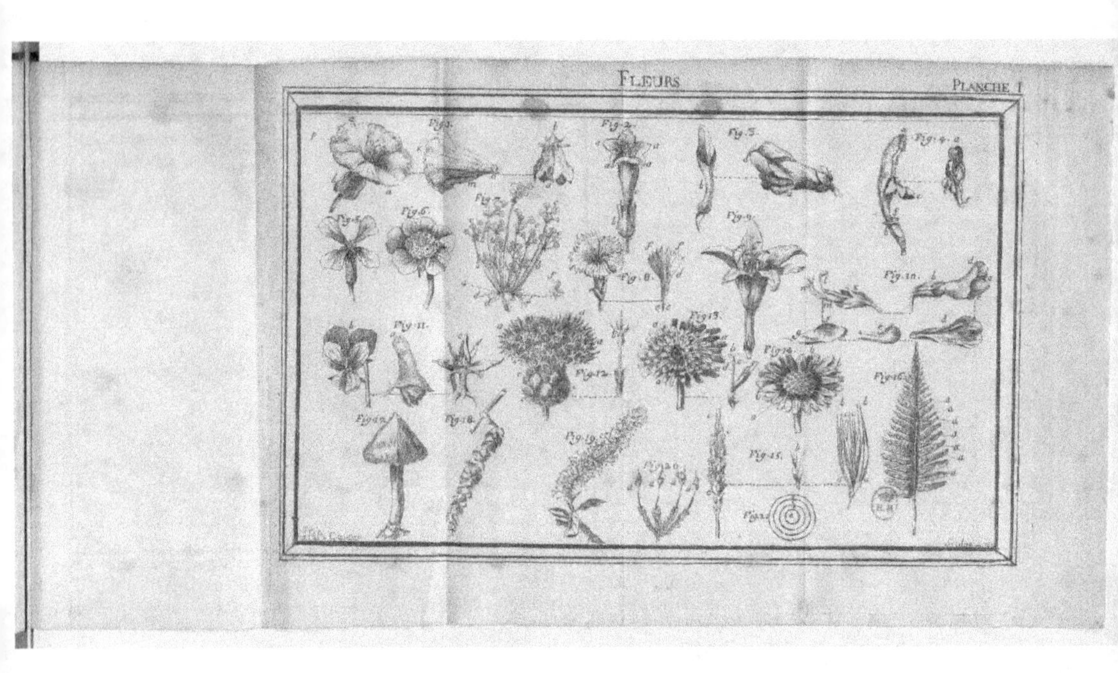

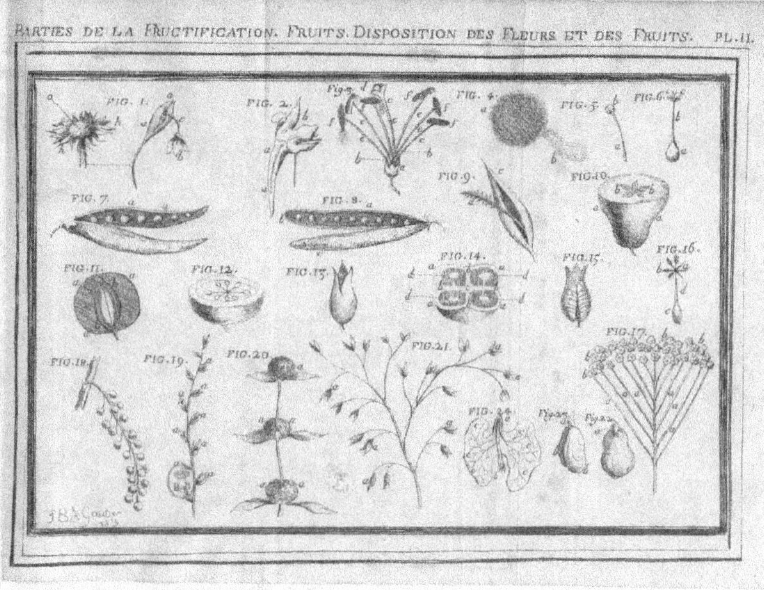

PARTIES DE LA FRUCTIFICATION. FRUITS. DISPOSITION DES FLEURS ET DES FRUITS. PL. II.
FIG. 1.
FIG. 2.
Fig. 3.
FIG. 4.
FIG. 5.
FIG. 6.
FIG. 7.
FIG. 8.
FIG. 9.
FIG. 10.
FIG. 11.
FIG. 12.
FIG. 13.
FIG. 14.
FIG. 15.
FIG. 16.
FIG. 17.
FIG. 18.
FIG. 19.
FIG. 20.
FIG. 21.

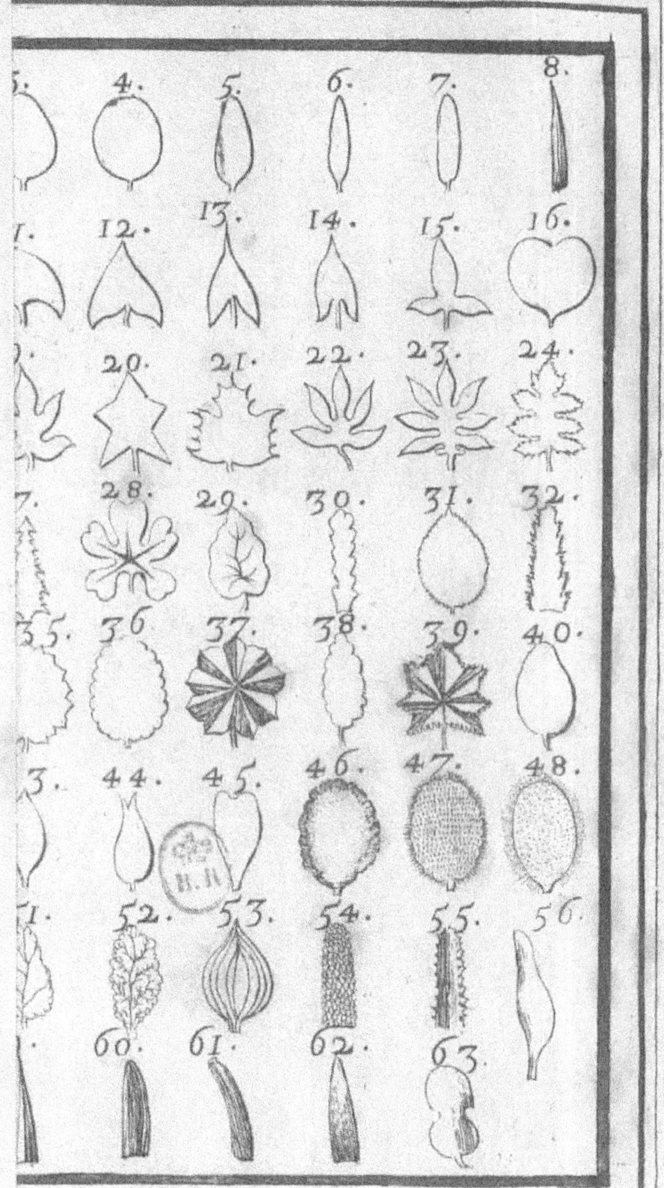

FEUILLES SIMPLES.
PL. III.

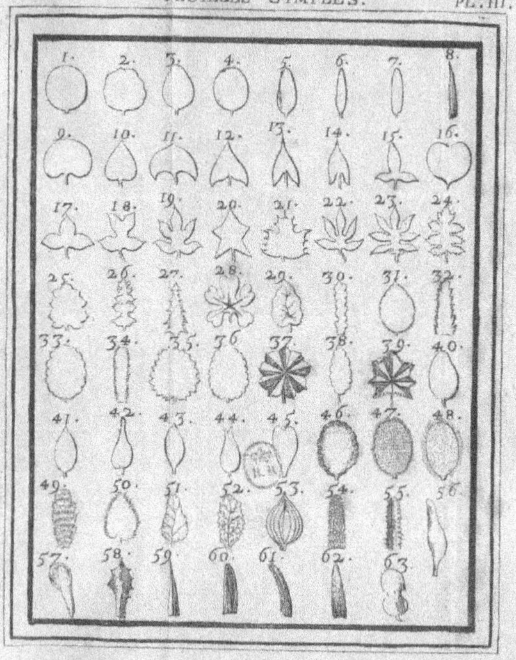

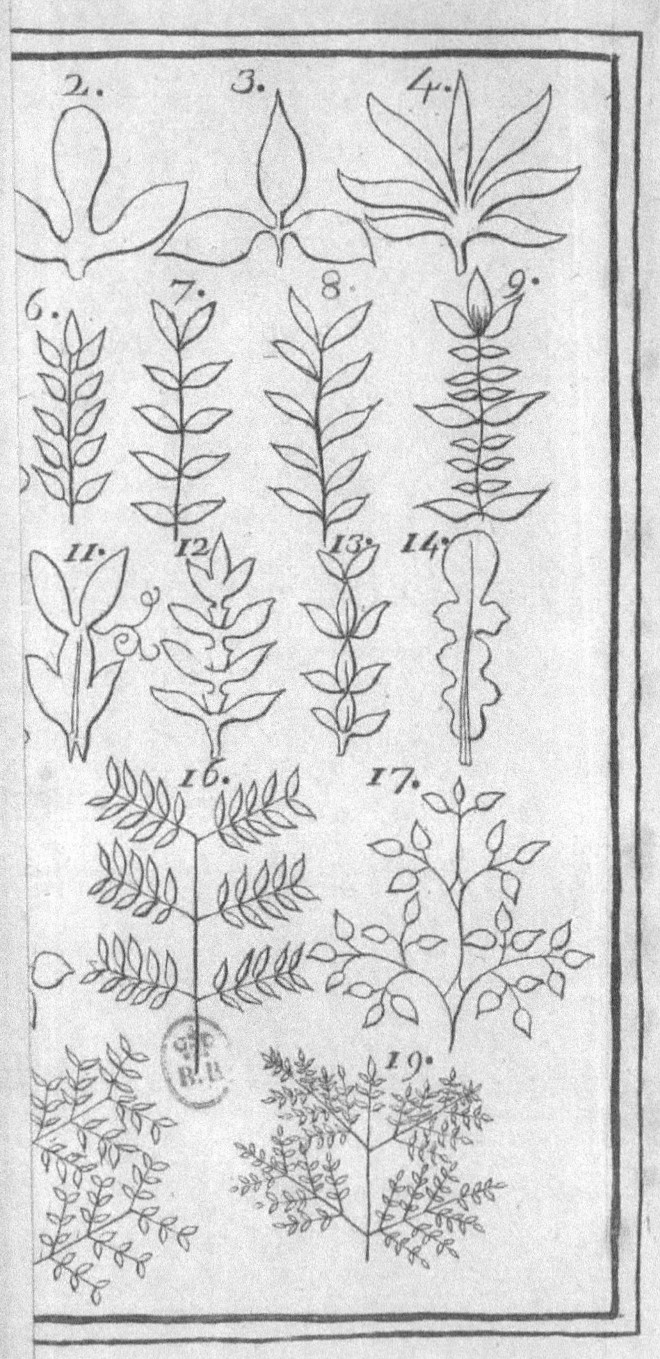
2.
3.
4.
6.
7.
8.
9.
11.
12.
13.
14.
16.
17.
19.

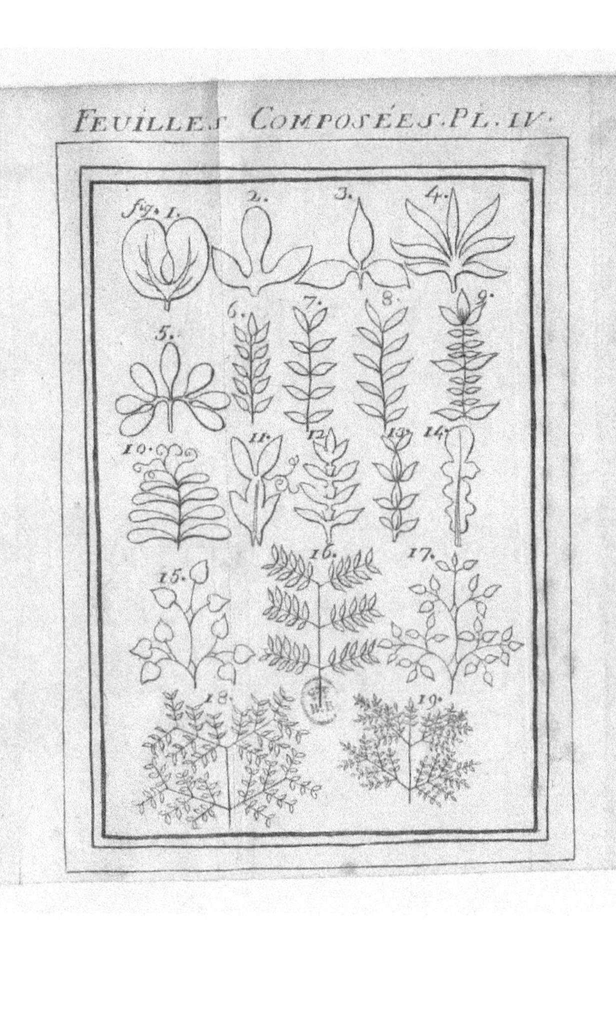

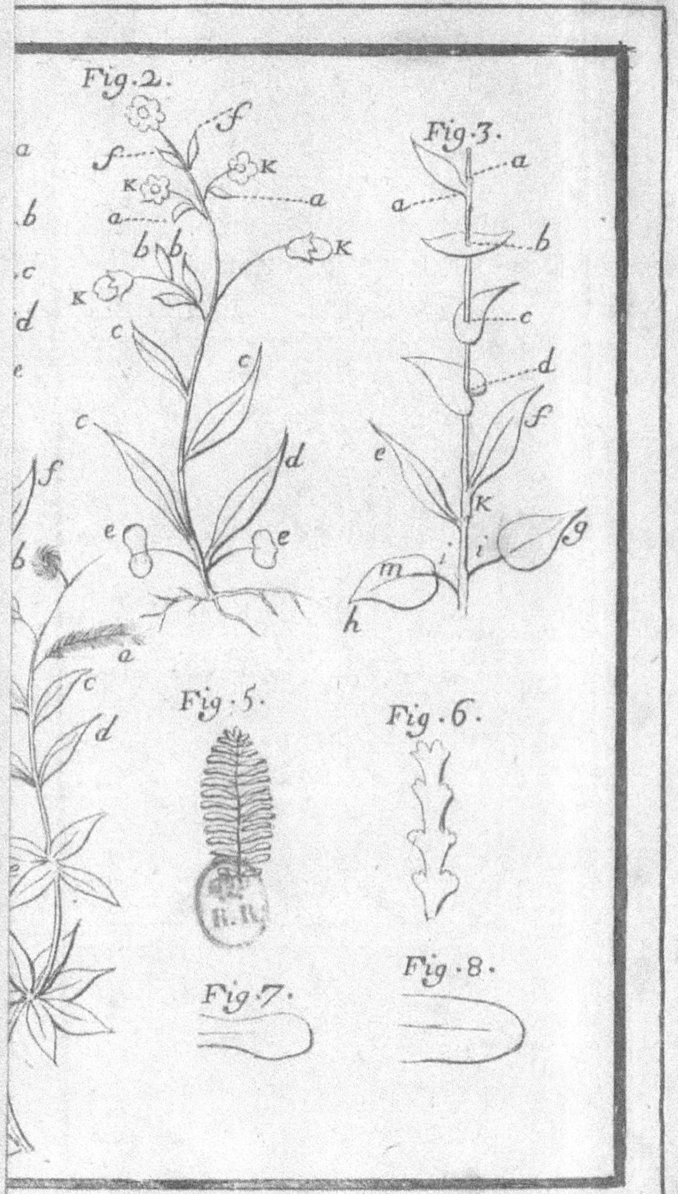

Fig. 2.
Fig. 3.
Fig. 5.
Fig. 6.
Fig. 7.
Fig. 8.
a
b
c
d
e
f
k
g
h
i
m

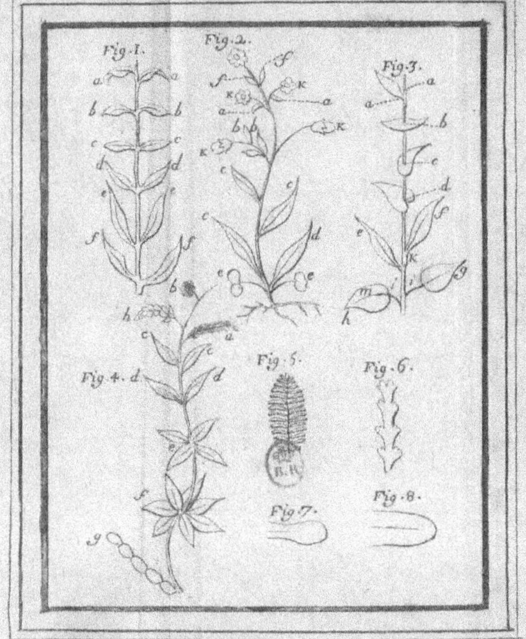

Fig. 1.
Fig. 2.
Fig. 3.
Fig. 4.
Fig. 5.
Fig. 6.
Fig. 7.
Fig. 8.

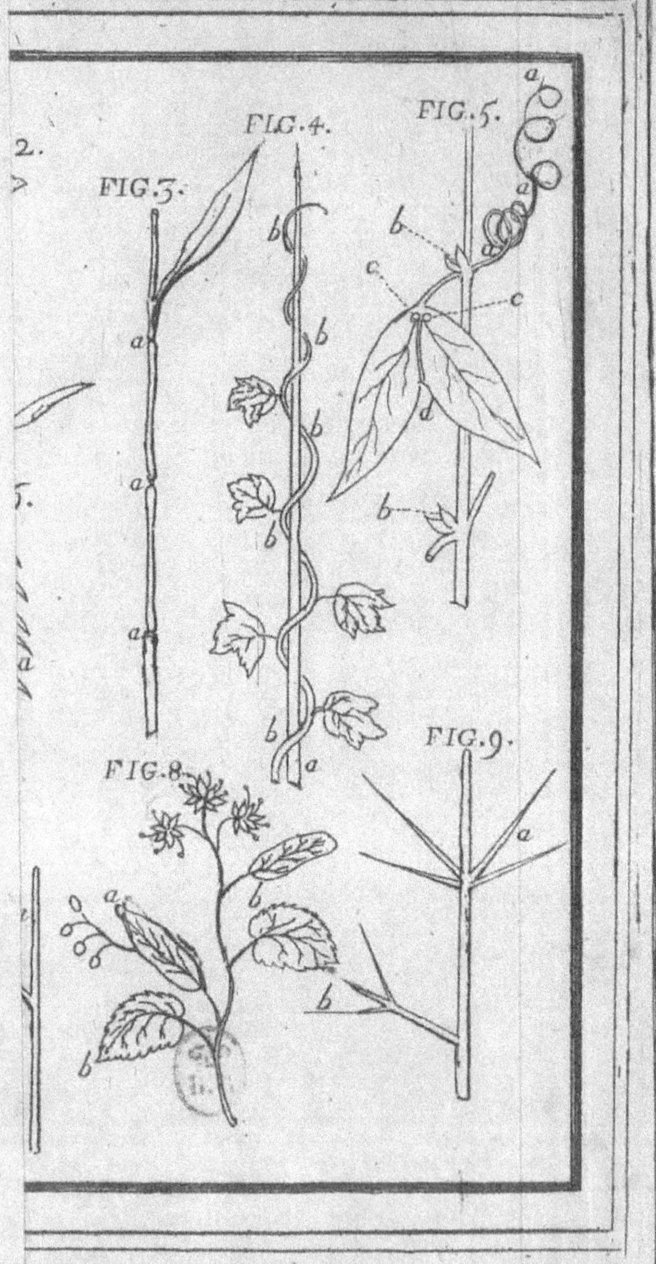
FIG. 3.
FIG. 4.
FIG. 5.
FIG. 8.
FIG. 9.
a
b
c
d

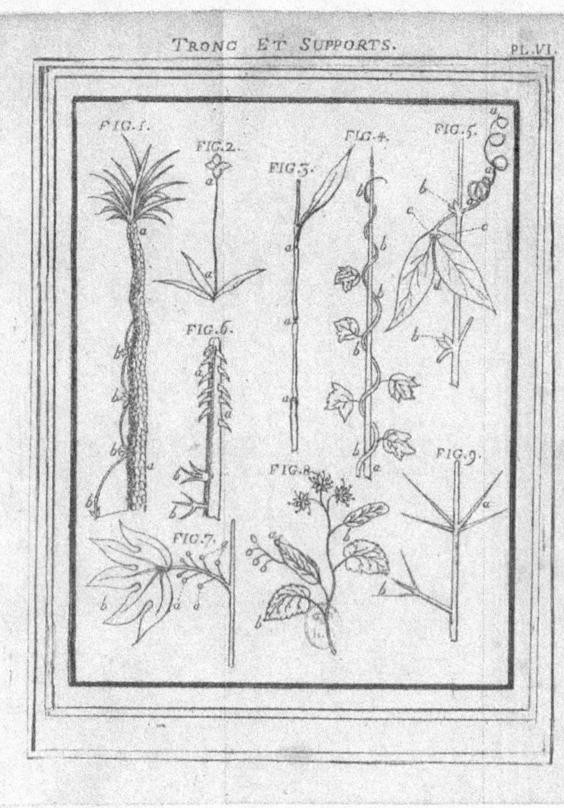
FIG.1.
FIG.2.
FIG.3.
FIG.4.
FIG.5.
FIG.6.
FIG.7.
FIG.8.
FIG.9.

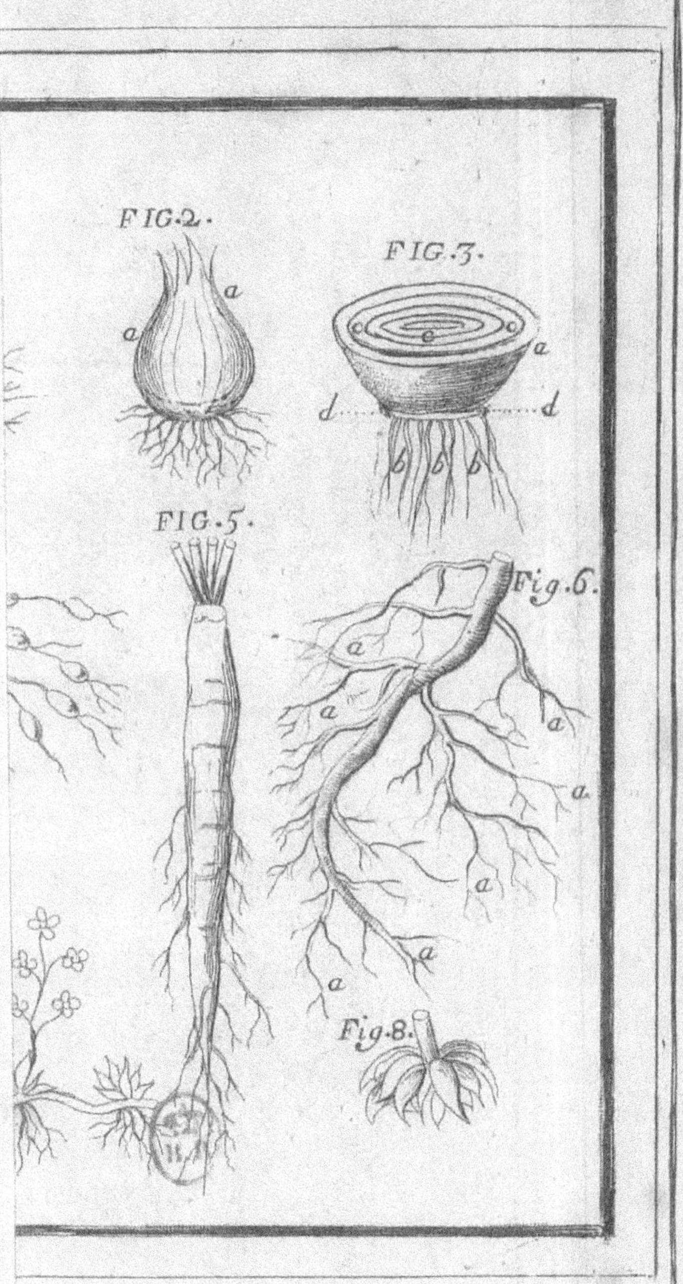
FIG.2.
FIG.3.
FIG.5.
Fig.6.
Fig.8.

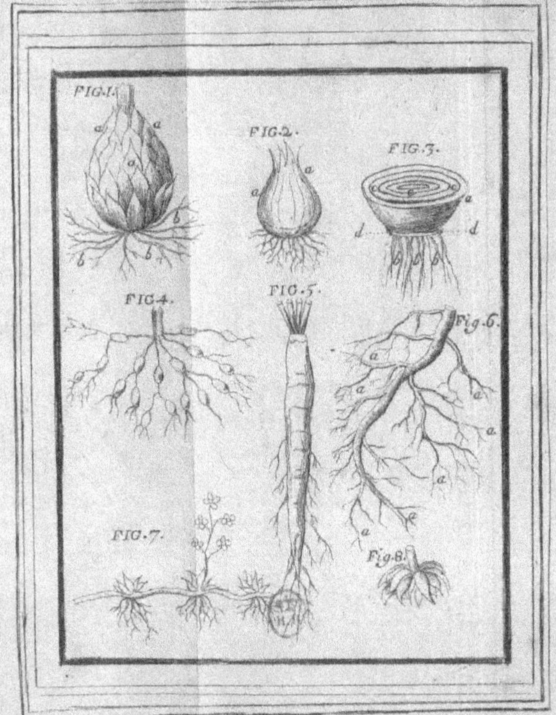
FIG.1.
a   a
a
b
b   b
FIG.2.
a
a
FIG.3.
a
d   d
FIG.4.
FIG.5.
Fig.6.
a
a
a
a
e
FIG.7.
Fig.8.

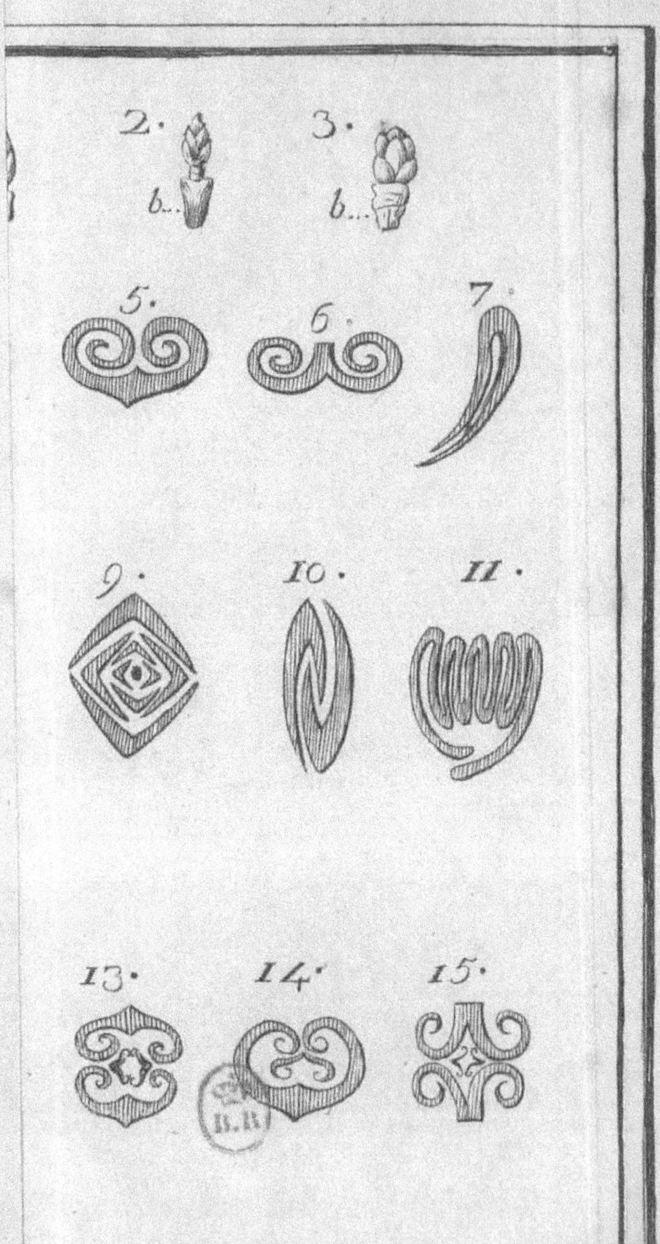

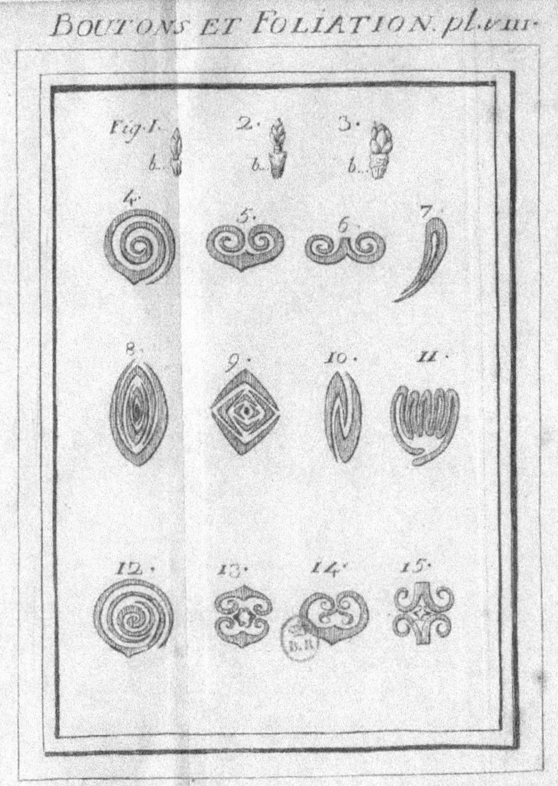